中国植物图像库出品

欧洲园林花卉图鉴

Flowers of European Garden

徐晔春　编著

河南科学技术出版社

·郑州·

图书在版编目（CIP）数据

欧洲园林花卉图鉴 / 徐晔春编著 . —郑州 ：
河南科学技术出版社 , 2016.7（2023.2重印）
ISBN 978 - 7 - 5349 - 8162 - 3

Ⅰ.①欧… Ⅱ.①徐… Ⅲ.①花卉－欧洲－
图谱 Ⅳ.① S68－64

中国版本图书馆 CIP 数据核字 (2016) 第
122986 号

出版发行：河南科学技术出版社
　　　　　地址：郑州市经五路 66 号
　　　　　邮编：450002
　　　　　电话：(0371) 65737028　65788613
　　　　　网址：www.hnstp.cn
策　　划：李　敏
策划编辑：杨秀芳
责任编辑：杨秀芳
责任校对：柯　姣
整体设计：星漫图书
责任印制：张　巍
印　　刷：永清县晔盛亚胶印有限公司
经　　销：全国新华书店
幅面尺寸：187mm×260mm
印　　张：22　　字　数：615 千字
版　　次：2016 年 7 月第 1 版
　　　　　2023 年 2 月第 2 次印刷
定　　价：98.00 元

如发现印、装质量问题，影响阅读，请与出
版社联系并调换。

作者简介

　　徐晔春，广东省农业科学院环境园艺研究所研究员，兼任《花卉》杂志总经理、副主编，中国花卉协会兰花分会常务理事，广东省兰花协会副秘书长，《花木盆景》杂志花卉园艺版编委，《中国兰花》杂志编辑，中国植物图像库签约摄影师。

　　1990 年毕业于吉林农业大学，主要从事花卉文化、园林植物分类研究、花卉栽培、示范推广及产业化开发等工作。迄今，在花卉观赏、鉴别及应用等方面发表科普文章 200 余篇，著作 60 余部，所主编和参编的《4000 种观赏植物原色图鉴》《观花植物 1000 种经典图鉴》《中国景观植物应用大全（草本卷）》《花艺植物图鉴》等图书深受全国读者的欢迎。

中国植物图像库 http://www.plantphoto.cn 是中国科学院植物研究所系统与进化植物学国家重点实验室在植物标本馆设立的专职图片管理机构。目前已经收录各类植物图片 2.2 万种 250 多万幅，为各类图书供图数千余幅。

前　言

　　西方国家的园艺史可追溯到 3 000 年前，整型花园在埃及出现后，罗马将其发扬光大，罗马衰落后，意大利文艺复兴时，花园文化再度兴起。17 世纪开始，英国植物猎人如威尔逊、班克斯等开始走向世界各地，在 18 世纪中期英国就引进了约遍布全球的 9 000 种植物，而中国则被英国植物学家威尔逊誉为"世界园林之母"，在世界上占有重要的地位。经过上百年的驯化和杂交育种，离开原产地的植物逐渐适应了迁入地环境并在英伦大地上开花结果。植物的保育，离不开植物园及私家花园，如为保育工作做出巨大贡献的邱园，其始建于 1759 年，距今已有 250 多年历史，在 2003 年被联合国教科文组织认定为世界文化遗产。

　　英国园艺植物的丰富程度令人叹为观止，每个植物园和花园的植物皆不尽相同，均有自己的特色，收集的植物遍布全球，且养护水平极高，每株乔灌木均有标准的树池，树池内有大量的腐殖土，为树木生长提供了保障。在我国有些植物还"养在深闺人未知"，如还处于野生状态的林石草、草茱萸，已在英国大量应用；我国仅在植物园有少量种植的原生铃兰，英国培育出了花叶、重瓣等品种用于植物园及花园中；著名的珙桐在我国只能在少数植物园中观赏到，在欧美等地已大量种植，既丰富了植物种类，美化了环境，又科普了大众。全民爱园艺，也是提高国民素养的一个重要渠道。

　　2015 年，本书编者有幸去英国等地进行了一场观花之旅，先后参观了全球最负盛名的园艺博览会——切尔西花展，世界上著名的植物园及植物分类学研究中心——邱园和爱丁堡皇家植物园，以及一些知名的代表性花园景观如霍雷希尔德花园、希德蔻特花园、科茨沃尔德花园、牛津大学植物园及威斯利花园等，前后共拍摄了 33 000 余幅照片，涵盖 2 000 余种观赏植物。本书从欧洲之行所拍的图片中精选了 1 000 种（含种、亚种、变种、变型及品种）优秀观赏植物，其中我国原产植物达 200 余种。

　　本书给出了植物的科属、拉丁学名、中文名及形态特征，被子植物采用 APG 分类系统（科属变化详见附录）。旨在为科研工作者提供一些借鉴，开拓视野，将我国的野生植物保育工作提到日程，以造福我国大众。同时为园艺工作者、花卉爱好者及在校学生提供一个了解欧洲园艺植物种类及应用状况的平台，激发对植物的兴趣。

　　感谢中国科学院植物研究所系统与进化植物学国家重点实验室中国植物图像库相关人员为本书出版所做的辛勤工作，感谢刘冰博士提供 APG 分类系统。

　　因编者水平有限，愿各界人士批评指正。

编　者

2015.12.30

i

Kew
Royal Botanic Gardens

世界文化遗产 邱园

——厚重植物文化的承载者

系统园

邱园大门

英国皇家植物园邱园始建于1759年，距今已有250多年的历史，为世界著名的植物园。邱园占地约121 hm²，收录了约5万种植物，是植物界的"大英博物馆"。2003年，因其丰富的植物物种、宏伟的规模、悠久的历史被联合国教科文组织认定为世界文化遗产。

邱园的布局极有特色，疏林草地，蓝天白云，加上坐落其间的各式温室及古老建筑，令人心旷神怡。邱园的温室闻名遐迩，有数十座造型各异的大型温室，主要有棕榈温室、睡莲温室、威尔士王妃温室、温带温室及高山植物温室，另有杜鹃谷、水生园、草本园、竹园、日本园、松柏园、丁香园、系统园、月季园、岩石园等26个专类园，物种极为丰富，春华秋实，不同季节景观各异，每株花草树木几乎都有挂牌，在研究及普及植物知识的同时，也注重了观赏性。

邱园棕榈温室

岩石园

爱丁堡 皇家 植物园

Royal Botanic Garden Edinburgh

英国爱丁堡皇家植物园以其丰富的物种和悠久的历史成为世界五大著名植物园之一，始建于1670年，最初只是个小小的药用植物园，现已发展为四个园区，分别为爱丁堡区、本墨区、罗根区及道克区，共占地约 70hm^2，收集了高等植物约 1.6 万种，为记录和保存世界植物多样性的理想之地。

皇家植物园的爱丁堡区主要分为岩石园、中国小山丘、高山植物温室、玻璃温室群、生态园与隐花植物园、苏格兰欧石南园及林苑等。其中最为著名的为岩石园，收集了 5 000 多种观赏植物，包括高山植物、寒温带植物等，也有部分来自本地的山地植物；另外温室群收集了世界各地的珍奇观赏植物，根据植物习性的不同，分别植于不同的温室，主要为热带及亚热带植物；包括乔灌木类、水生植物、球根植物、蕨类植物、多浆植物、兰科植物、藤本植物、凤梨科植物、姜科植物及棕榈植物等。

爱丁堡皇家植物园在收集和研究中国植物方面闻名于世，收集了约 3 000 种中国的原生植物，如山茱萸科的珙桐，杜鹃花科的龙江朱砂杜鹃、云南杜鹃、藏布杜鹃，报春花科的球花报春、粉被灯台报春，连香树科的连香树等，是西方国家中收集中国植物数量最多的植物园。中国原生植物也成为爱丁堡皇家植物园不可或缺的重要组成部分。

底图：爱丁堡皇家植物园岩石园

植物园大门

家庭园艺

室内展出的瓶子草

报春花苗圃——金奖

切尔西花展
——世界最盛大的园艺博览会
Chelsea Garden Show

英国皇家园艺学会切尔西花展（RSH Chelsea Flower Show）历史悠久，自 1912 年开始，由英国皇家园艺学会主办，每年 5 月在伦敦切尔西皇家医院庭院展出。切尔西花展是英国乃至世界上最著名的花展，英国女王是切尔西花展的常客。为期一周的花展吸引了全球各地约 16 万游客参访。

第一次正式花展始于 1862 年，在肯辛顿（Kengsington）的英国皇家园艺学会花园举办。在此之前，英国皇家园艺学会从 1833 年起在奇西克（Chiswick）自己的花园内举办游园会，后来选址肯辛顿是因为奇西克的交通落后等问题导致参观人数大量下降。花展在肯辛顿举办了 26 年，1888 年英国皇家园艺学会决定迁址到伦敦市中心，选址位于河堤和舰队大街之间的神殿花园。自

1913 年起移至皇家医院切尔西举办。

2015 年的切尔西花展盛况空前，共有 600 余个与园艺相关的参展商参展，分为室内及室外两个展区，园艺植物十分丰富。室内展区主要展示新优的园艺植物、珍奇植物及优秀的花艺作品等，以了解园艺发展的趋势。参展园艺植物既有原生种，也有培育出的大量新品种，如展出的花园植物红脉吊钟花、欧石南、白铃木、铁线莲、报春花、延龄草、大丽花等，比尔·洛克的"报春花苗圃"荣获金奖。室外展区主要是花园、花境及园艺资材展示，其中丹·皮尔森设计的"查特斯沃花园"夺得最佳展示花园金奖。

底图：查特斯沃花园——最佳展示花园金奖

英国皇家园艺学会 Royal Horticultural Society (RHS)

威斯利花园

Wisley Garden
——观赏植物的天堂

　　威斯利花园是英国皇家园艺学会旗下最具盛名的花园，为全球最值得去的十大花园之一。在2010年，被评为"英格兰旅游杰出奖"金奖，广受各国旅游者喜爱。

　　威斯利花园位于伦敦市郊，占地53hm²，于1904年投入使用，现有植物3万余种。园区主要有温室、蔷薇园、岩石园、草本园、高山植物温室、欧石南园及围墙花园等景点。

　　威斯利花园植物的应用与植物园明显不同，植物园侧重植物的引种与保育，而威斯利则侧重于园艺应用。在园区内，有水岸边的滨水植物配置、园路边花境植物的搭配，有高低错落的岩石园植物造景，有疏林草地，也有利用墙垣及棚架种植的藤本景观，不一而足，一切为造园服务，因此威斯利是有庭院花园的市民最喜欢的造访之地。

　　其最有特色的当属岩石园，地形高低错落有致，极为精致，模拟自然又高于自然，有低矮的松柏类，有匍地生长的草本及多浆植物，也有喜湿的邻水而种的瓶子草、鸢尾类，色彩缤纷；紧邻岩石园的高山植物温室，面积不大，但收集了大量高山植物及冰缘带垫状植物，如彩花属、石竹属、喙檐花属、海石竹属、露薇花属、金梅草属植物，奇特而美丽；围墙花园使用了大量的攀缘植物及藤本植物对墙面立体绿化，如赤壁木、茶花常山、贡山猕猴桃、矮紫藤等；温室区则收集了英国室外无法生长的异国观赏植物，如垂丝金龙藤、香蕉百香果、红花竹叶吊钟、黄花折叶兰等；另外，园区的花境的配置极具特色，师法自然，利用植物本身色彩构建景观，体现了英国人的浪漫主义情怀。在植物应用上，采用不同花期、不同花色、不同类型的花卉进行搭配，并使用了大量获得优秀奖的品种，以便让市民了解新品种习性。

目 录

目录

一、木贼科 Equisetaceae

小型或中型蕨类，土生、湿生或浅水生。地上枝直立，圆柱形，绿色，有节。叶鳞片状，轮生，在每个节上合生成筒状的叶鞘（鞘筒）包围在节间基部。孢子囊穗顶生，圆柱形或椭圆形；孢子叶轮生，盾状，彼此密接。孢子近球形。全科 1 属 25 种。

木贼属，全属 25 种。

沼生木贼

Equisetum telmateia

多年生草本，株高30~150 cm。地上枝直立，圆柱形，绿色，有节，中空有腔。单生或在节上有轮生的分枝；叶鳞片状，轮生。孢子囊穗顶生。孢子近球形。产欧洲、非洲与北美洲。

二、水龙骨科 Polypodiaceae

大型、中型或小型蕨类，通常附生，少为土生。叶近生或疏生，无柄或有短柄。叶通常大，坚革质或纸质，部分属为二型叶，不育叶槲斗状，能育叶羽片或裂片以关节着生于叶轴。孢子囊群或大或小。广布于全世界。全科 116 属 1 601 种。

槲蕨属，全属 16 种。

1. '怀特' 硬叶槲蕨

Drynaria rigidula 'Whitei'

园艺品种。附生草本。基生不育叶长卵形，浅裂。正常能育叶叶柄长可达30 cm。叶片卵形，一回羽状，羽片狭线形，顶端渐尖，基部渐狭呈楔形。孢子囊群圆形。原种产中国、东南亚、南亚及澳洲。

蚁蕨属，全属 57 种。

2. 迪巴斯蚁蕨 *Pleopeltis deparioides*

多年生草本，根状茎覆有蜡质，茎空心，蚂蚁聚居，灰白色。小叶长椭圆形，边缘具锯齿，孢子囊着生于叶片边缘的齿上。产印度尼西亚及马来西亚。

三、南洋杉科 Araucariaceae

常绿乔木。叶螺旋状着生或交叉对生，基部下延生长。球花单性，雌雄异株或同株；雄球花圆柱形，单生或簇生叶腋，或生枝顶；雌球花单生枝顶，由多数螺旋状着生的苞鳞组成。球果 2~3 年成熟。分布于南半球的热带及亚热带地区。全科 4 属 39 种。

南洋杉属，全属 19 种。

智利南洋杉

Araucaria araucana

常绿乔木，株高 40 m。叶厚，坚韧，三角形，螺旋生长，绿色至灰绿色，叶可存活 10~15 年。雌雄异株，球果，2~3 年成熟。产智利及阿根廷。

四、罗汉松科 Podocarpaceae

常绿乔木或灌木。叶多型：条形、披针形、椭圆形、钻形、鳞形，或退化成叶状枝，螺旋状散生、近对生或交叉对生。球花单性，雌雄异株，稀同株；雄球花穗状，雌球花单生叶腋或苞腋，或生枝顶，稀穗状。种子核果状或坚果状。分布于热带、亚热带及南温带地区。全科 20 属 191 种。

罗汉松属，全属 108 种。

'火红乡村家园' 罗汉松
Podocarpus
'County Park Fire'

园艺品种。罗汉松属低矮灌木。叶针状，春季淡黄色、粉红色，夏季绿色，秋季红色，冬季青铜色。雌雄异株。浆果红色。

五、松科 Pinaceae

常绿或落叶乔木，稀为灌木状；叶条形或针形，基部不下延生长；条形叶扁平，稀呈四棱形，在长枝上螺旋状散生，在短枝上呈簇生状；针形叶 2~5 针（稀 1 针或多至 81 针）成一束。花单性，雌雄同株；雄球花腋生或单生枝顶，雌球花由多数螺旋状着生的珠鳞与苞鳞所组成。球果。主产北半球。全科 11 属 255 种。

雪松属，全属 3 种。

1. 北非雪松 *Cedrus atlantica*

乔木，在原产地高达 30 m，树冠幼时尖塔形；小枝不等长，排成二列，互生或对生。叶在长枝上辐射伸展，短枝之叶呈簇生状，针形，具短尖头，深绿色。雄球花生于 5~7 年生的短枝上，雌球花阔卵圆状。球果次年成熟。

云杉属，全属 40 种。

2. '下弯' 欧洲云杉
Picea abies 'Reflexa'

园艺品种。匍匐状灌木，丛生，冠幅 3.5 m，嫩枝持续向上生长后下垂或匍地生长。叶针形，绿色。球果。原种产欧洲。

3. 长叶云杉 *Picea smithiana*

乔木，株高达 60 m。叶辐射斜上伸展，四棱状条形，细长，向内弯曲，先端尖，横切面四方形或近四方形。球果圆柱形，两端渐窄，成熟前绿色，熟时褐色。产中国西藏，自尼泊尔向西至阿富汗也有。

松属，全属 130 种。

4. '施密德' 波士尼亚松
Pinus heldreichii 'Schmidtii'

园艺品种。灌木状或小乔木。叶坚硬，锐利，绿色。球果 2 个，3 个或 4 个簇生于枝端，熟时开裂。原种产巴尔干半岛至希腊，保加利亚及意大利也有。

5. 矮欧洲山松

Pinus mugo var. **pumilio**

株形矮小，常呈灌木状。叶针状，细长，亮绿色，常内弯，成对着生。球果小，茶褐色。产欧洲中部。

六、五味子科 Schisandraceae

灌木，蔓性或缠绕藤本。叶互生，卵形至披针形，羽状脉。花单性，腋生。花被片 5~20 片，覆瓦状排列。浆果。产北美洲及亚洲。全科 3 属 73 种。

五味子属，全属 25 种。

1. 大花五味子

Schisandra grandiflora

落叶木质藤本，全株无毛。叶纸质，狭椭圆形、椭圆形、狭倒卵状椭圆形、卵形。雄花花被片白色，7~10 片，3 轮，近相似。雌花花被片与雄花相似，雌蕊群卵圆形、长圆状椭圆形。浆果。产中国、尼泊尔、不丹、印度、缅甸、泰国。

2. 红花五味子

Schisandra rubrifolia

落叶木质藤本，全株无毛。叶纸质，倒卵形，椭圆状倒卵形或倒披针形，很少为椭圆形或卵形。花红色，雄花花被片 5~8 片，大小近相似，雌花花梗及花被片与雄花的相似，雌蕊群长圆状椭圆形。浆果红色。产中国。

七、林仙科 Winteraceae

灌木或乔木。单叶，互生，全缘，羽状脉。花单生或形成顶生或腋生的聚伞花序，花瓣2轮至多轮。蓇葖果。产南半球，主要产澳大利亚、马来西亚等地。全科6属32种。

林仙属，全属7种。

1. 安第斯林仙 *Drimys andina*

常绿灌木，株高1.5 m。叶互生，全缘，椭圆形或披针形，先端圆或尖，苍绿色。花两性，排成伞形花序或单花，花瓣4~9片，白色。浆果。产阿根廷。

2. 林仙 *Drimys winteri*

常绿乔木，树冠圆锥形，有时呈灌木状，株高15 m。叶互生，椭圆形，具光泽，全缘，绿色。伞形花序，花星状，白色，芳香。浆果。产阿根廷及智利。

八、马兜铃科 Aristolochiaceae

草质或木质藤本、灌木或多年生草本，稀乔木。单叶互生，叶全缘或3~5裂。花单生、簇生或排成总状、聚伞状或伞房花序，花色通常艳丽而有腐肉臭味。蒴果。产热带、亚热带地区，以南美洲居多。全科8属624种。

马兜铃属，全属485种。

1. 欧洲马兜铃
Aristolochia clematitis

缠绕草本，幼时直立。叶心形，全缘，绿色。花数朵生于叶腋，小花黄色。蒴果。产欧洲。

2. 美洲大叶马兜铃

Aristolochia macrophylla

落叶藤本，蔓长可达 10 m。单叶互生，心形，掌状脉。花腋生，花被管基部膨大，管口漏斗形，暗褐色。蒴果。产美洲。

3. 小绿马兜铃

Aristolochia sempervirens

常绿藤本。叶互生，长圆形，基部心形，先端渐尖，全缘。花腋生，花被管基部膨大，管口阔，黄色，边缘紫色，并有紫色脉纹。蒴果。产欧洲地中海地区。

4. 绒毛马兜铃

Aristolochia tomentosa

落叶藤本。叶互生，心形，先端钝或稍尖，基部平截或微心形，具绒毛。花小，淡绿黄色，管口处紫色。蒴果。产美洲。

马蹄香属，全属 1 种。

5. 马蹄香 *Saruma henryi*

多年生直立草本。叶心形，顶端短渐尖，基部心形，两面和边缘均被柔毛。花单生，花瓣黄绿色，肾心形。蓇葖果菁葖状。产中国。

九、木兰科 Magnoliaceae

木本或灌木；单叶互生、簇生或近轮生，单叶不分裂，罕分裂。花顶生、腋生，罕成为 2~3 朵的聚伞花序，雌雄同株，稀异株。花被片通常花瓣状，花被片 6~9（~45）片；2 轮至多轮。果实为聚合果，小果为菁葖果，木质或革质。主要分布于亚洲，北美洲较少。全科 6 属 250 种。

鹅掌楸属，全属 2 种。

1. 鹅掌楸 *Liriodendron chinense*

乔木，株高达 40 m。叶马褂状，近基部每边具 1 片侧裂片，先端具 2 浅裂，下面苍白色。花杯状，花被片 9 片，外轮 3 片绿色；内两轮 6 片，具黄色纵条纹。聚合果。产中国及越南。

2. 北美鹅掌楸

Liriodendron tulipifera

乔木，原产地高可达 60 m。叶片近基部每边具 2 片侧裂片，先端 2 浅裂，幼叶背被白色细毛。花杯状，花被片 9 片，外轮 3 片绿色，萼片状；内两轮 6 片，直立，近基部有一不规则的黄色带。聚合果。原产北美洲东南部。

一〇、蜡梅科 Calycanthaceae

落叶或常绿灌木。单叶对生，全缘或近全缘。花两性，辐射对称，通常芳香，黄色、黄白色或褐红色或粉红白色，先叶开放；花被片多数。聚合瘦果。产亚洲东部及美洲北部。全科 3 属 10 种。

9

美国蜡梅属，全属 5 种。

'酒红' 美国蜡梅

Calycanthus × raulstonii
'Hartlage Wine'

园艺种。落叶灌木，株高 2.5 m。单叶对生，长卵形，先端尖，基部楔形。花顶生，花被片 15~30 片，多轮，酒红色。聚合瘦果。

一一、天南星科 Araceae

草本，具块茎或伸长的根茎；稀为攀缘灌木或附生藤本。叶单一或少数，有时花后出现，通常基生，如茎生则为互生，二列或螺旋状排列。花小或微小，常极臭，排列为肉穗花序。花两性或单性。花被如存在则为 2 轮，花被片 2 片或 3 片。浆果。主要分布于热带及亚热带。全科 117 属 3 368 种。

天南星属，全属 170 种。

1. 白苞南星

Arisaema candidissimum

多年生草本。叶 1 枚，叶片 3 全裂。佛焰苞淡绿色、白色，具绿色或紫色纵条纹，肉穗花序单性。浆果。产中国。

2. 象南星 *Arisaema elephas*

多年生草本。叶 1 枚，叶片 3 全裂，稀 3 深裂。佛焰苞青紫色，基部黄绿色，管部具白色条纹。肉穗花序单性。浆果。产中国。

3. 四国南星 日本灯参莲

Arisaema sikokianum

多年生草本，具球茎。叶 1 枚，3~5 裂。佛焰苞紫褐色，下部内面白色。肉穗花序单性，白色。浆果。产日本。

4. 普陀南星 *Arisaema ringens*

多年生草本，具小球茎。叶（1~）2枚，叶片3全裂。佛焰苞管部绿色，喉部多少具宽耳，耳内深紫色，外卷，檐部下弯成盔状。肉穗花序单性。浆果。产中国，日本及朝鲜也有。

沼芋属，全属2种。

5. 堪察加沼芋 沼芋
Lysichiton camtschatcensis

落叶沼生宿根草本。叶椭圆形至卵形，绿色。佛焰苞白色，肉穗花序，花小。浆果。

水蕹科 Aponogetonaceae

11

一二、水蕹科 Aponogetonaceae

多年淡水生草本，具块状根茎。叶基生，叶片椭圆形至线形，全缘或波状，浮水或沉水。穗状花序单一或二叉状分枝，花期挺出水面；花两性，花被片1~3片，或无。蓇葖果。全科1属57种。

水蕹属，全属57种。

二穗水蕹 长柄水蕹
Aponogeton distachyos

水生草本。叶长狭椭圆形或长披针形，全缘，绿色。花穗直立于水面上，花白色。蓇葖果。原产南非。

一三、藜芦科 Melanthiaceae

多年生草本，地下茎通常粗短或具有鳞茎。叶4枚至多枚，少3枚。总状花序、穗状花序、圆锥花序，花两性、杂性或单性同株，花被片（3~）4~6（~10）片。蒴果或浆果状蒴果。主产北半球。全科17属181种。

重楼属，全属27种；曾属百合科。

1. 无瓣重楼 *Paris incompleta*

多年生草本，株高20~50 cm。叶5~7枚，轮生于茎顶，排成一轮。花单生于叶轮中央，外轮花被片叶状，绿色，内轮丝状。浆果。产伊朗等地。

2. 衣笠草　日本重楼
Paris japonica

多年生草本，株高35~75 cm。叶7~10枚，轮生于茎顶，排成一轮。花单生于叶轮中央，外轮花被片花瓣状，白色，内轮丝状。浆果。产日本。

3. '黄苞'七叶一枝花
Paris polyphylla 'Alba'

园艺品种。多年生草本，株高35~100 cm。叶（5~）7~10枚，矩圆形、椭圆形或倒卵状披针形。外轮花被片黄绿色，（3~）4~6片，狭卵状披针形，内轮花被片狭条形，通常比外轮长。蒴果紫色。原种产中国、不丹、印度、尼泊尔及越南。

藜芦科 Melanthiaceae

4. 四叶重楼 *Paris quadrifolia*

多年生草本，株高25~40 cm。叶通常4枚轮生，最多可达8枚，极少3枚，卵形或宽倒卵形。内外轮花被片与叶同数，外轮花被片狭披针形，内轮花被片线形，黄绿色。浆果状蒴果。产中国新疆，广泛分布于欧洲和亚洲的温带地区。

延龄草属，全属50种。

5. 绿瓣延龄草

Trillium chloropetalum

多年生草本，株高30~45 cm，丛生。茎红绿色，叶3枚，轮生，卵形，暗绿色。花单生于叶轮中央，花被片6片，外轮3片，绿色；内轮3片，紫色、粉红色、白色，株高出叶丛。浆果。产美国。

6. 小延龄草 *Trillium cuneatum*

多年生草本，株高30~40 cm。叶3枚，轮生，卵形，淡绿色，上面具白斑。花被片6片，外轮绿色，内轮褐色、黄色、古铜色等。浆果。产美国。

7. 直立延龄草 *Trillium erectum*

多年生草本，株高 30~45 cm。叶 3 枚，轮生，卵形，先端尖。花弯垂，外轮花瓣绿色，内轮紫色。浆果。产东亚及美国。

7a. '白花'直立延龄草
Trillium erectum 'Alba'

8. 弯柄延龄草 *Trillium flexipes*

多年生草本，株高 50 cm。叶 3 枚，轮生，卵形，先端尖。花梗弯垂，花瓣 6 片，外轮绿色，内轮白色，三角形。浆果。产北美洲。

9. 大花延龄草 *Trillium grandiflorum*

多年生草本，丛生，株高 30~40 cm。叶 3 枚轮生，长卵形。花大，外轮绿色，内轮纯白色，后渐变为粉红色，单生，株高出叶丛。浆果。产美国。

9a. '重瓣'大花延龄草
Trillium grandiflorum
'Flore Pleno'

9b. '玫色'大花延龄草
Trillium grandiflorum
'Roseum'

10. 库氏延龄草
Trillium kurabayashii

多年生草本，株高40~50 cm。叶3枚轮生，卵形，绿色，上有大块褐色斑。花瓣6片，均为褐色。浆果。产美国的俄勒冈及加利福尼亚。

11. 黄花延龄草 *Trillium luteum*

多年生草本，株高50 cm。叶3枚轮生，卵形，浅绿色，上有深绿色块斑。花瓣6片，外3片瓣绿色，内3片瓣黄色。浆果。产美国。

12. 弗吉尼亚延龄草

Trillium pusillum
var. *virginianum*

多年生草本，株高 40 cm。叶 3 枚轮生，带形，绿色。花瓣 6 片，外 3 片瓣绿色，内 3 片瓣粉色。浆果。产美国。

14. 南方红延龄草

Trillium sulcatum

多年生草本，株高 30～40 cm。叶 3 枚轮生，倒卵形至椭圆形，绿色。花瓣 6 片，外 3 片瓣绿色，内 3 片瓣紫色。浆果。产美国南部。

13. 垂花延龄草 *Trillium rugelii*

多年生草本，株高 40 cm。叶 3 枚轮生，菱形，鲜绿色，宽大于长。花俯垂于叶下，花瓣 6 片，外 3 片瓣绿色，内 3 片瓣白色。浆果。产美国。

15. 甜延龄草 *Trillium vaseyi*

多年生草本，株高 30～50 cm。叶 3 枚轮生，菱形，绿色。花梗长而软，悬垂于叶下，花瓣 6 片，外 3 片瓣绿色，内 3 片瓣紫色，具甜香味。浆果。产北美洲。

一四、六出花科 Alstroemeriaceae

多年生草本或藤本，具根状茎，有时有块根。顶生聚伞花序，少单生。产美国、墨西哥、秘鲁、玻利维亚、智利、新西兰及澳大利亚。全科 5 属 170 种。

竹叶吊种属，全属 124 种。

1. 甜味竹叶吊钟

Bomarea dulcis

多年生草质藤本。叶互生，披针形，全缘，绿色，无柄。花顶生，花外部粉红色，内部黄绿色。产玻利维亚、秘鲁及智利等地。

2. 红花竹叶吊钟

Bomarea edulis

多年生草质藤本。叶互生，卵圆形，绿色。花顶生，外部粉红色，内部淡绿色，具紫色斑点。产墨西哥至秘鲁及巴西、西印度群岛。

一五、秋水仙科 Colchicaceae

多年生草本，部分为球根植物，叶基生或茎生。花被片 6 片。全球广布，以热带为最，部分含有秋水仙碱，在 APG 系统中，本科大部分植物由原百合科划分而来。全科 18 属 284 种。

万寿竹属，全属 21 种。

1. 万寿竹 *Disporum cantoniense*

多年生草本，根粗长，肉质。茎高 50~150 cm。叶纸质，披针形至狭椭圆状披针形。伞形花序有花 3~10 朵，花紫色。浆果。产中国，印度、不丹、尼泊尔和泰国也有。

2. 长蕊万寿竹

Disporum longistylum

多年生草本，根肉质，茎高30~70（~100）cm。叶厚纸质，椭圆形、卵形至卵状披针形。伞形花序有花2~6朵，花被片白色或黄绿色。浆果。产中国中部及西南。

嘉兰属，全属10种。

3. 嘉兰 *Gloriosa superba*

蔓性草本，2~3 m或更长，具根茎。叶互生或偶尔对生，无柄或具短叶柄，披针形至卵状披针形。花下垂，花被片反卷，鲜红色，近端略带黄色。产中国、东南亚及非洲等地。

垂铃儿属，全属5种。

4. 垂铃儿 *Uvularia perfoliata*

多年生草本，丛生，株高40~50 cm。茎细长，叶抱茎，卵形，全缘，绿色。花序下垂，钟状，淡黄色，花瓣扭曲。浆果。产美洲。

一六、百合科 Liliaceae

多年生草本，稀亚灌木、灌木，通常具块茎或鳞茎。叶基生或茎生，后者多互生，少对生或轮生。花被片6片，少4片或多数，离生或不同程度合生。蒴果或浆果，少坚果。广布全世界。全科18属746种。

仙灯属，全属74种。

1. 白花仙灯 *Calochortus albus*

多年生球根草本，株高20~50 cm。叶狭长，直立，灰绿色，着生于稀疏分枝的基部。花朵下垂，花大，球状，花瓣及萼片白色或稍具淡紫红色。蒴果。产美国。

2. 肯尼迪仙灯
Calochortus kennedyi

多年生球根草本，株高可达50 cm。叶条形，直立，绿色。花大，橙色、黄色或红色。蒴果。产北美洲。

3. 仙灯　黄花仙灯
Calochortus luteus

多年生球根草本，株高20~45 cm。叶狭长，直立，生于疏散分枝的基部附近。花茎着花1朵，花瓣3片，黄色，中心有褐色斑点。蒴果。产美国。

4. 辉花仙灯
Calochortus splendens

多年生球根草本，株高20~30 cm。叶线形，直立，1~2枚，生于茎干近基部。花1~4朵，花瓣3片，浅碟状，口向上，淡紫色，花瓣基部有1个暗色斑点，花药紫色。蒴果。产北美洲。

5. 挺拔仙灯

Calochortus venustus

多年生球根草本，株高20~60 cm。叶1~2枚，叶窄，直立，着生于分枝茎的基部。花1~4朵，花瓣3片，白色、黄色、紫色或红色，花瓣大，花瓣底部有一暗红色斑块。蒴果。产美国。

贝母属，全属141种。

6. 弯尖贝母 *Fritillaria acmopetala*

多年生球根草本，茎细长，株高15~40 cm。叶狭披针形，散生。花1~2朵，阔钟状，俯垂，绿色，花瓣上具棕色斑点，花瓣先端向外张开。蒴果。产塞浦路斯、土耳其、黎巴嫩、以色列及巴勒斯坦等地。

7. 肖贝母

Fritillaria affinis

多年生球根草本，株高10~120 cm。叶互生于茎上，条形，全缘。粉绿色。花俯垂，褐色，上具绿色斑点。蒴果。产北美洲。

8. 黑贝母　黑百合

Fritillaria camschatcensis

多年生球根草本，茎粗大，株高15~60 cm。叶披针形，光滑，轮生，全缘。总状花序顶生，花多达8朵，俯垂，黑紫色或褐色。蒴果。产美洲及亚洲。

9. 比利牛斯贝母

Fritillaria pyrenaica

多年生球根草本，株高 15～30 cm。叶稀疏，披针形，常狭窄。花 1～2 朵，阔钟状，花瓣具棋盘状斑纹，外面紫褐色，内面黄褐色。蒴果。产比利牛斯山。

宝仙草属，全属 6 种。

10. 大花宝仙草

Prosartes smithii

多年生草本，株高可达 1 m。叶互生，椭圆形，全缘，无柄。花腋生，弯垂，黄白色。产北美洲。

扭柄花属，全属 11 种。

11. 披针叶扭柄花

Streptopus lanceolatus

多年生草本，株高 30 cm。叶互生，披针形，平行脉，全缘。花腋生，悬垂，钟状，紫色。产北美洲。

郁金香属，全属 113 种。

12. 窄尖叶郁金香

Tulipa sprengeri

多年生球根草本，株高 30～45 cm。叶基生，带形，绿色，全缘。花瓣卵形，橘红色至红色，外部 3 片瓣化，背面淡黄色至黄色。蒴果。产土耳其。

百合科 Liliaceae

21

一七、兰科 Orchidaceae

地生、附生或较少为腐生草本，极罕为攀缘藤本；叶基生或茎生，后者通常互生或生于假鳞茎顶端或近顶端处；花常排列成总状花序或圆锥花序，少有为缩短的头状花序或减退为单花，两性，花被片6片，2轮；萼片离生或不同程度的合生。蒴果，较少呈荚果状。产全球热带地区和亚热带地区，少数种类也见于温带地区。全科899属27 801种。

郁香兰属，全属 13 种。

1. 独花郁香兰 *Anguloa uniflora*

多年生草本，地生兰，株高 50~80 m。假鳞茎大，叶长椭圆形，全缘。萼片及花瓣近相似，粉红色，唇瓣小。花期春季。产秘鲁。

石豆兰属，全属 1 884 种。

2. 香蕉石豆兰

Bulbophyllum graveolens

附生草本，附生兰，具假鳞茎。顶生 1 枚叶，叶长椭圆形，革质，全缘。中萼片直立，侧萼片狭长，较中萼片窄，黄绿色至淡褐色。花瓣小，褐色，唇瓣舌形。蒴果。产印度尼西亚。

3. 长花石豆兰

Bulbophyllum longiflorum

附生草本，附生兰，具假鳞茎。叶革质，长圆形，先端钝，绿色。伞形花序具数朵花，中萼片盔状，侧萼片大，花瓣小，唇白紫色。蒴果。产非洲及大洋洲。

贝母兰属，全属 200 种。

4. 白粉贝母兰 *Coelogyne pulverula*

附生草本，假鳞茎粗厚。叶顶生，长圆形，绿色。花葶着生于假鳞茎顶端，总状花序俯垂，具花数十朵。花瓣及萼片污黄色，唇瓣大，白色并带有褐色斑，具白粉。蒴果。产马来西亚、泰国及印度尼西亚。

5. 杓兰 *Cypripedium calceolus*

多年生草本，株高 20~45 cm。叶椭圆形或卵状椭圆形。花序顶生，通常具 1~2 朵花；花具栗色或紫红色萼片和花瓣，唇瓣黄色。蒴果。产中国、日本、朝鲜，西伯利亚至欧洲也有。

6. '白花' 皇后杓兰

Cypripedium reginae 'Album'

园艺品种。落叶地生兰，株高可达 1 m。茎和叶具毛，叶长，卵形。花单生或 2~3 朵一组，花白色。原种产北美洲。

掌裂兰属，全属 115 种。

7. 马德拉掌裂兰

Dactylorhiza foliosa

落叶地生兰，株高 70 cm。叶披针形或三角形，在茎上螺旋状排列。穗状花序，花亮紫色或粉红色。产马德拉群岛。

8. 紫斑掌裂兰　紫斑红门兰

Dactylorhiza fuchsii

落叶地生兰，株高 18~30 cm。叶 5~6 枚，上面具紫色较粗的斑点，叶片狭倒卵形、长圆状倒披针形。穗状花序，花淡蓝紫色。蒴果。产中国新疆，欧洲至西伯利亚也有。

23

9. 五月花掌裂兰
Dactylorhiza majalis

落叶地生兰，株高 15~40 cm。叶卵形至披针形，茎生叶向上变小，叶面具紫色斑点。穗状花序，花紫红色。蒴果。产欧洲。

10. 沼泽掌裂兰
Dactylorhiza praetermissa

落叶地生兰，株高可达 1 m。叶片长椭圆形，绿色。穗状花序顶生，花蓝紫色。蒴果。产欧洲。

石斛属，全属 1 523 种。

11. 癣状石斛
Dendrobium lichenastrum

附生草本，株高 10 cm。叶肉质，短圆柱形，绿色。花极小，腋生，白色或带紫色条纹。蒴果。产新西兰。

足柱兰属，全属 278 种。

12. 绯红足柱兰
Dendrochilum coccineum

附生草本，具鳞茎，卵圆形，叶狭长卵形，全缘，绿色。花穗状，绯红色。蒴果。产马来西亚。

13. 宽叶足柱兰
Dendrochilum latifolium

附生草本，株高 30~50 cm。假鳞茎短圆柱形，顶生 1 枚叶，长卵圆形，全缘，绿色，具长柄。穗状花序，着花百余朵，淡黄色。蒴果。产菲律宾。

14. 豪敦小龙兰
Dracula houtteana

附生草本，株高 30 cm。叶带形、"V"形，全缘，绿色。花单生，萼片近相似，淡黄色，上具紫色斑点，具长尾尖。花瓣及唇瓣极小。蒴果。产南美洲。

15. 大花火烧兰
Epipactis gigantea

多年生草本，茎直立，株高 50 cm。叶互生，从下向上由具抱茎叶鞘逐渐过渡为无鞘，宽披针形，绿色。萼片及花瓣近相似，淡紫色并具紫色脉纹，唇瓣三角形，黄褐色。蒴果。产美洲。

16. 芳香薄叶兰 *Lycaste aromatica*

附生草本，假鳞茎卵球形，株高 20~25 cm。叶草质，质软，卵圆形，先端尖。花黄色，萼片黄绿色，花瓣远较萼片小，金黄色，唇瓣 3 裂。产墨西哥、洪都拉斯、危地马拉、尼加拉瓜及萨尔瓦多等地。

17. 三色薄叶兰 *Lycaste tricolor*

附生草本，假鳞茎卵球形，具棱，株高 30 cm。叶草质，质软，长卵圆形，全缘。黄褐色，近相等，花瓣浅粉色。产哥斯达黎加及巴拿马。

尾萼兰属，全属 598 种。

18. 白花尾萼兰 *Masdevallia coccinea* var. *alba*

多年生常绿附生草本，茎短，圆柱形，株高 15 cm。叶顶生，窄卵形，先端钝。花白色。中萼片小，具长尾尖，侧萼片卵圆形，花瓣及唇瓣极小，白色。产哥伦比亚及秘鲁。

独蒜兰属，全属 26 种。

20. 美丽独蒜兰 *Pleione pleionoides*

地生或半附生草本。假鳞茎圆锥形，顶端具 1 枚叶。叶椭圆状披针形，纸质，先端急尖。花葶直立，顶端具 1 朵花，稀为 2 朵花。花玫瑰紫色。产中国湖北、贵州和四川。

19. 大花尾萼兰
Masdevallia colossus

附生草本，茎短。叶片长卵圆形，绿色。中萼片及侧萼片合成筒状，褐色，具长尾尖。花瓣及唇瓣隐于萼片内，花瓣淡黄色带一条紫色纵纹，唇瓣褐色。产亚马孙流域。

腋花兰属，全属 557 种。

21. 心叶腋花兰
Pleurothallis cardiostola

多年生地生草本，茎短。叶柄长，叶大，革质，心形。花由叶柄顶端抽生而出，花紫色，中萼片及合萼片紫色，花瓣狭小，紫色。

22. 塞万提斯虎斑兰

Rhynchostele cervantesii

多年生附生草本。假鳞茎长卵圆形，顶生 1 枚叶，叶长椭圆形，绿色。花瓣及萼片近相似，卵圆形，白色，底部有紫褐色环纹；唇瓣扇形，白色，基部黄色。产墨西哥。

23. 黄花折叶兰

Sobralia xantholeuca

地生兰，株高可达 1 m 以上，茎粗壮。叶互生于茎上，长椭圆形，先端渐尖，基部渐狭，近无柄。花顶生，花大，黄色。产墨西哥至危地马拉。

24. 笋兰 *Thunia alba*

地生或附生草本，株高 30～55 cm。茎直立，通常具 10 余枚互生叶，叶薄纸质，狭椭圆形或狭椭圆状披针形。总状花序具 2～7 朵花；花白色，唇瓣黄色而有橙色或栗色斑和条纹。蒴果。产中国、尼泊尔、印度、缅甸、越南、泰国、马来西亚和印度尼西亚。

兰科 Orchidaceae

27

毛足兰属，全属 45 种。　　　香荚兰属，全属 106 种。

25. 白边毛足兰

Trichopilia marginata

附生草本，株高 30 cm。茎扁圆形，顶生 1 枚叶，椭圆形，全缘，绿色。花莛由茎基部抽生而出，中萼片及花瓣近相似，狭带形，唇瓣筒状，极大，花淡粉至紫红色，具宽窄不一的白色边缘。产美洲。

26. 大王香荚兰

Vanilla imperialis

攀缘草本，长数米。茎肉质，叶大，肉质，椭圆形，具短柄。总状花序，萼片及花瓣近相似，黄绿色，唇瓣大，喇叭状，前端紫红色。蒴果。产非洲热带。

一八、仙茅科 Hypoxidaceae

多年生草本，具块状根茎或球茎。叶常基生。花两性或单性，稀杂性，辐射对称，白色、粉色、黄色；单生或组成穗状花序、总状花序、近伞形花序或头状花序。花被裂片 6 片，蒴果或浆果。产南半球及热带亚洲。全科 10 属 154 种。

小金梅草属，全属 93 种。

1. 黄花小金梅草

Hypoxis hemerocallidea

多年生球茎类植物，株高 10~20 cm。叶带形，呈 V 形，具白色绒毛，全缘。总状花序，花扁平，星状，黄色。产非洲。

2. 红金梅草 *Rhodohypoxis baurii*

多年生草本，具球茎，株高15 cm。叶基生，狭带形，具绒毛，全缘。花单生，星状，粉红色。产非洲南部。

2a. '阿尔布莱顿' 红金梅草
Rhodohypoxis baurii
'Aebrighton'

2b. '道格拉斯' 红金梅草
Rhodohypoxis baurii
'Douglas'

2c. '粉珍珠' 红金梅草
Rhodohypoxis baurii
'Pink Pearl'

29

一九、矛花科 Doryanthaceae

多年生草本，叶基生，带形，基部渐狭，全缘，花茎上的叶披针形，渐小。花茎单一，远高于叶，花集生于花茎顶端，花瓣6片，紫红色，苞片暗紫色。蒴果。产澳大利亚。全科1属2种。

矛花属，全属2种。

矛花 *Doryanthes palmeri*

多年生常绿草本，株高2~2.5 m。叶莲座状着生，拱形或直立，带形。圆锥花序，花小，橙红色，苞片红色，花瓣内面白色。产澳大利亚的昆士兰州。

二〇、鸢尾蒜科 Ixioliriaceae

多年生直立草本。具有皮鳞茎。叶线形，聚生于花茎的基部，花茎下部也有叶。花序近伞形或稍呈总状，有时基部分枝呈圆锥花序，有花 2~8 朵；花被整齐；花被片 6 片；蒴果。分布于西亚及中亚。全科 1 属 4 种。

鸢尾蒜属，全属 4 种。

鸢尾蒜 *Ixiolirion tataricum*

多年生草本，鳞茎卵球形。叶通常 3~8 枚，簇生于茎的基部，狭线形。花茎顶端由 3~6 朵花组成的伞形花序，或总状花序缩短呈伞状，总苞片 2~3 枚，白色或绿色；花被蓝紫色至深蓝紫色。蒴果。分布于中国新疆，小亚细亚到中西伯利亚及巴基斯坦也有。

二一、鸢尾科 Iridaceae

多年生、稀一年生草本。叶多基生，少为互生，条形、剑形或为丝状。大多数种类只有花茎，少数种类有分枝或不分枝的地上茎。花两性，辐射对称，少为左右对称，单生、数朵簇生或多花排列成总状、穗状、聚伞及圆锥花序；花被裂片 6 片，2 轮排列。蒴果。广泛分布于全世界的热带、亚热带及温带地区。全科 80 属 2 315 种。

香雪兰属，全属 16 种。

1. 红射干 *Freesia laxa*

多年生球茎类草本，株高 15~30 cm。叶基生，剑形，排成扇状，绿色。穗状花序，小花橙红色。蒴果。产非洲。

唐菖蒲属，全属280种。

2. 拜占庭唐菖蒲
Gladiolus byzantinus

多年生球根植物，株高60 cm。叶基生，剑形，排成扇状。穗状花序，花粉红色。蒴果。产欧洲南部。

3. 地中海唐菖蒲
Gladiolus italicus

多年生球根花卉，株高1 m。叶基生，直立，剑形，排成扇状。穗状花序，花多达20朵，排列松散，花淡粉紫色。蒴果。产欧洲及亚洲。

鸢尾属，全属362种。

4.道格拉斯鸢尾 *Iris douglasiana*

多年生常绿草本，株高25~70 cm。叶暗绿色，革质，基部有紫红色斑点，分枝茎上开1~3朵淡紫红色或紫红色的花，偶有白色，瓣中心有大小不一的黄色斑点。蒴果。产美国。

5. 禾叶鸢尾 *Iris graminea*

多年生草本，株高 20~40 cm。茎扁平，有棱角。叶窄披针形。花 10 朵以上，有李子香味，花瓣深紫红色，脉纹色重，紫罗兰色，蒴果。产欧洲。

6. '斑叶'香根鸢尾 *Iris pallida* 'Variegata'

园艺品种。多年生草本，株高 70~90 cm，粗壮。叶上有绿色及黄色条纹，有分枝的茎上从银色的佛焰苞里开出 3~6 朵淡紫色花，芳香。蒴果。原种产克罗地亚。

7. 山鸢尾 *Iris setosa*

多年生草本。叶剑形或宽条形，顶端渐尖，基部鞘状。花茎上部有 1~3 个细长的分枝，花蓝紫色，花被管短，喇叭形，花被裂片宽倒卵形，黄色，有紫红色脉纹。蒴果。产中国、日本、朝鲜、俄罗斯及北美洲。

8a. '帝王'西伯利亚鸢尾
Iris sibirica 'Emperor'

园艺品种。多年生草本，根状茎粗壮，须根黄白色。叶灰绿色，条形。花茎高于叶片，有 1~2 枚茎生叶。苞片 3 枚，内包含有 2 朵花。花蓝色。蒴果。原种产欧洲。

8b. '佩利斯蓝'西伯利亚鸢尾
Iris sibirica 'Perry's Blue'

9. '凯尔梅'变色鸢尾
Iris versicolor 'Kermesina'

园艺品种。多年生草本，株高 60 cm。叶剑形，略带灰白色。分枝茎上开 3 朵以上的花，花粉红色。蒴果。原种产欧洲。

丽白花属，全属 16 种。

10. 大花丽白花
Libertia grandiflora

多年生草本，株高 75 cm，丛生。叶基生，禾草状叶，暗绿色，叶尖变棕褐色。穗状花序，株高出叶丛，花白色。蒴果。产新西兰。

肖鸢尾属，全属 204 种。

11. 匙苞肖鸢尾
Moraea spathulata

多年生球根草本，株高 1 m。叶窄长，半直立，基生，坚硬。花茎上连续着生 5 朵花，花向上，黄色，花瓣反折。蒴果。产非洲。

12. 条纹庭菖蒲 智利豚鼻花
Sisyrinchium striatum

多年生半常绿草本，株高
45~60 cm。叶丛生，长而窄，
灰绿色。穗状花序，细长，花稻
草黄色。蒴果。产南美洲。

二二、黄脂木科 Xanthorrhoeaceae

多年生草本，有的具根状茎、鳞茎或块根，叶基生或近基生，
部分为肉质，成簇或成二列。单生花或总状花序、圆锥花序、聚伞
花序，花被离生。蒴果、浆果。全球广布。全科 34 属 1 236 种。

芦荟属，全属 558 种。

1. 皂芦荟 *Aloe saponaria*

多年生草本，株高可达
50 cm。叶肉质，呈莲座状簇生，
先端尖，边缘具刺，叶上具白点。
总状花序，花橙黄色。蒴果。产南非。

日光兰属，全属 17 种。

2. 深黄日光兰 日光兰
Asphodeline lutea

多年生草本，丛生，株高 1~1.2 m。叶线形，灰绿色。穗状花序，花密集，花瓣黄色。产欧洲及以色列。

阿福花属，全属 19 种。

3. 白花阿福花 *Asphodelus albus*

多年生草本，直立，株高 1 m。叶线形，丛生，绿色。穗状花序，花密集，星状，白色。产欧洲及非洲。

35

粗尾草属，全属 24 种。

4. 狭叶粗尾草

Bulbinella angustifolia

多年生草本，株高 50 cm。叶莲座状，带形，绿色，全缘。穗状花序，株高 1.5 m，花瓣 6 片，黄色。蒴果。产新西兰。

独尾草属，全属 60 种。

5. 美丽独尾草

Eremurus spectabilis

多年生草本，连花茎高 70~150 cm。叶宽线形，边缘粗糙，绿色。总状花序，花被片白色或黄绿色。蒴果。产亚洲西部。

二三、石蒜科 Amaryllidaceae

大多数为草本，少木本，大多数植物具地下球茎、根状茎或球茎。叶多数基生，多少呈线形，全缘或有刺状锯齿。花单生或排列成伞形花序、总状花序、穗状花序、圆锥花序；花两性，花被片 6 片，2 轮；花被管和副花冠存在或不存在。蒴果，少浆果状。全球广布。全科 80 属 2 258 种。

百子莲属，全属 9 种。

1. '白花' 百子莲

***Agapanthus* 'White-Flowerd'**

园艺品种。多年生球根植物，株高可达 60 cm。叶基生，狭带形，绿色，全缘。伞形花序，花瓣 6 片，白色。蒴果。

葱属，全属 918 种。

2. '霸王' 葱 *Allium* 'Globemaster'

园艺品种。多年生球根，株高 30 cm。叶基生，宽带形，全缘，绿色。花大，单生，小花密集成球状，紫色。蒴果。

3. 雪韭 印度矮韭
Allium humile

多年生草本，具鳞茎。叶条形，扁平，全缘，绿色。伞形花序，花疏，小花白色。蒴果。产中国，印度、巴基斯坦也有。

4. '白皇后' 宽叶葱
'白皇后' 卡拉韭
Allium karataviense 'Ivory Queen'

园艺品种。多年生草本，叶莲座状，叶阔，全缘，绿色。伞形花序球状，小花白色。蒴果。原种产中亚一带。

5. 黄花莛葱 *Allium moly*

多年生草本，具鳞茎，株高 30 cm。叶宽带形，先端尖，绿色，全缘。伞形花序，花稀疏，小花金黄色。蒴果。产欧洲及非洲。

6. 尖瓣葱
Allium murrayanum

多年生草本，具鳞茎，株高 15 cm。叶条形，外弯，绿色。伞形花序，花 6 朵，粉色。蒴果。产美洲西部及北部。

石蒜科 Amaryllidaceae

37

7. 北葱 *Allium schoenoprasum*

多年生草本，鳞茎聚生。叶1~2枚，管状，中空。伞形花序近球形，花紫红色至淡红色。蒴果。产欧洲、亚洲西部、中亚、西伯利亚、日本及北美洲。

8. 西西里蜜腺韭 *Allium siculum*

多年生草本。叶狭带形，绿色。花葶高可达1.2 m,聚伞花序，小花钟状，悬垂。蒴果。产地中海及黑海地区。

9. 熊葱 *Allium ursinum*

多年生草本，具鳞茎。叶阔，椭圆形，全缘，绿色，具叶柄。伞形花序近球状，小花白色。蒴果。产欧洲。

曲管花属，全属56种。

10. 短筒曲管花

Cyrtanthus brachyscyphus

多年生草本，株高20~30 cm。叶基生，条形，绿色。花葶高于叶面，花冠合生，管状，悬垂，鲜红色。产南非、莱索托及斯威士兰。

虎耳兰属，全属 22 种。

11. 粗毛虎耳兰
Haemanthus humilis
subsp. *hirsutus*

多年生草本，具鳞茎，株高
20 cm。叶长圆形，先端圆钝，
鲜绿色，上具大量白色短粗毛。
伞形花序具多花，小花白色。果
实浆果状。产非洲南部。

绿鬼蕉属，全属 11 种。

12. 水仙状绿鬼蕉
Ismene narcissiflora

多年生草本，鳞茎球形。叶
带形，绿色。伞形花序，花白色，
花瓣线形，花被管扩大成喇叭筒
状。产秘鲁及玻利维亚。

石蒜科 Amaryllidaceae

白棒莲属，全属 49 种。

13. 紫花白棒莲
Leucocoryne purpurea

多年生球根植物。叶条形，
绿色。聚伞花序，小花钟状，上
部浅紫色，下部深紫色。产智利。

紫娇花属，全属 26 种。

14. 纳塔尔紫娇花 *Tulbaghia natalensis*

多年生球根草本，鳞茎较小。叶基生，狭带形。花被片粉色，
花被管联合，褐黄色。产南非及纳塔尔。

39

二四、天门冬科 Asparagaceae

多年生草本、灌木、藤本，有的具根状茎、鳞茎或肉质块根。叶基生，茎生叶互生、对生或轮生，或退化成鳞片状。单花、总状花序、圆锥花序、穗状花序、伞形花序，花两性或单性，花被片6片。蒴果、浆果。全球广布。全科128属2 929种。

龙荟兰属，全属8种。

1. 丝兰叶龙荟兰

Beschorneria yuccoides

多年生草本，叶剑形，基生，灰绿色。花序高达1~1.8 m，花茎红色，小花黄绿色，花瓣外侧下端淡红色，悬垂。产墨西哥。

糠米百合属，全属6种。

2. '白花'大糠米百合

'白花'克美莲

Camassia leichtlinii 'Alba'

园艺品种。草本，具鳞茎，株高可达1 m。叶基生，带状。花葶直立，花两性，花瓣6片，白色。蒴果。原种产北美洲。

3. 线叶糠米百合

Camassia quamash
subsp. ***linearis***

多年生草本，具鳞茎。叶线形，宽 6~15 mm，线形。花稍左右对称，开展，蓝色。蒴果。产加利福尼亚。

铃兰属，全属3种。

4. 铃兰 *Convallaria majalis*

宿根草本，株高 18~30 cm。叶椭圆形或卵状披针形，先端近急尖，基部楔形。花莛稍外弯，花白色，钟状。浆果红色。产中国，朝鲜、日本至欧洲、北美洲也很常见。

4a. '白纹' 铃兰

Convallaria majalis
'Albostriata'

4b. '重瓣' 铃兰

Convallaria majalis
'Prolificans'

4c. '玫红' 铃兰

Convallaria majalis 'Rosea'

5. 西班牙蓝铃花 西班牙风信子
Hyacinthoides hispanica

多年生草本，株高 30~60 cm。叶基生，宽带形，先端渐尖，全缘，绿色。花葶直立，总状花序高于叶面，小花蓝色。蒴果。产欧洲伊比利亚半岛。

6. 褐斑纳金花
Lachenalia contaminate

多年生球根草本，株高 25 cm。叶线形，绿色。花葶直立，肉质，绿色带褐色斑点。穗状花序，小花白色，花瓣上端具褐色条斑。蒴果。产南非。

7. 库珀油点花
Ledebouria cooperi

多年生草本，株高 5~10 cm。半落叶，暗绿色，上有褐色纵条纹。花两性，小花多少悬垂，紫色。产莱索托及斯威士兰。

8. 曲穗舞鹤草

Maianthemum flexuosum

多年生草本，株高可达 1 m。茎直立，叶互生，心状卵形。总状花序顶生，下垂，小花穗呈"之"字形，花两性，淡褐色。浆果。产北美洲。

9. 总序鹿药 假黄精

Maianthemum racemosum

多年生草本，株高 50~90 cm。叶互生，长圆状披针形。圆锥花序，花两性，花瓣 6 片，小花密集。浆果红色。产北美洲。

10. 星花舞鹤草

Maianthemum stellatum

多年生草本，植株较矮。叶互生，狭长圆形，先端尖，基部楔形。小花白色，星状。浆果红色。产北美洲。

11. 玉竹 *Polygonatum odoratum*

多年生草本，茎高 20~50 cm。叶互生，椭圆形至卵状矩圆形，先端尖。花序具 1~4 朵花或更多，花被黄绿色至白色，花被筒较直。浆果蓝黑色。欧亚大陆温带地区广布。

11a. '重瓣'玉竹

Polygonatum odoratum 'Flore Pleno'

11b. '红茎'玉竹

Polygonatum odoratum 'Red Stem'

天门冬科 Asparagaceae

43

12. 地中海蓝钟花
Scilla peruviana

多年生草本，具鳞茎，株高约 50 cm。叶基生，披针形，呈莲座状。总状花序，小花蓝色。蒴果。

12a. '阿尔及利亚淡黄' 地中海蓝钟花
Scilla peruviana 'Algerian Cream'

仙蔓属，全属 3 种。

13. 加雅仙蔓
Semele androgyna var. ***gayae***

常绿攀缘灌木，枝长可达 10 m。幼枝叶状，椭圆形或长圆状披针形，边缘浅裂。雌雄异株，小花白色。果红色。产加那利及马德拉群岛。

二五、鸭跖草科 Commelinaceae

一年生或多年生草本。叶互生。花通常在蝎尾状聚伞花序上，聚伞花序单生或集成圆锥花序，有的退化为单花。顶生或腋生，花两性，极少单性。花瓣 3 片，分离，少数合生成筒状。蒴果，稀浆果状。全科 41 属 728 种。

浆果鸭跖草属，全属 25 种。

1. 巴特浆果鸭跖草
Palisota barteri

多年生草本，株高 15~40 cm。叶大，椭圆形，全缘，亮绿色，先端尖，基部渐狭，叶柄具大量绒毛。小花白色。浆果红色。产喀麦隆。

绒毡草属，全属 1 种。

2. 绒毡草 *Siderasis fuscata*

多年生草本，株高 40 cm。叶椭圆形，密生于短茎上，先端尖，基部楔形，全缘，全株具褐红色短绒毛。花蓝紫色。产巴西。

银瓣花属，全属 1 种。

3. 银瓣花 *Weldenia candida*

多年生草本，株高 8~15 cm。叶丛莲座状，单叶，宽带形，全缘。单花，银白色。产危地马拉及墨西哥。

二六、闭鞘姜科 Costaceae

多年生草本，陆生，具肉质的根状茎。叶螺旋状排列，简单，叶鞘封闭，叶狭至宽椭圆形。花两性，左右对称，花冠下部管状，上部浅裂。蒴果。产泛热带地区。全科 7 属 139 种。

西闭鞘姜属，全属 105 种。

1. 红花西闭鞘姜
Costus curvibracteatus

多年生草本，具根状茎，株高 15~35 cm。叶大，倒卵形，光亮，全缘。花序顶生，苞片及花橙红色。蒴果。产哥斯达黎加及巴拿马。

鸭跖草科 Commelinaceae

45

2. 柔毛西闭鞘姜

Costus villosissimus

多年生草本，株高可达 1 m。叶螺旋状排列，长椭圆形，先端尖，基部渐狭。花序顶生，花两性，黄色。蒴果。产中南美洲。

二七、姜科 Zingiberaceae

多年生草本，少一年生，通常具有芳香、匍匐或块状的根状茎，或有时根的末端膨大呈块状。叶基生或茎生，通常二行排列，少数螺旋状排列。花单生或组成穗状、总状或圆锥花序；花被片 6 片，2 轮，外轮萼状，内轮花冠状。蒴果。分布于全世界热带、亚热带地区。全科 52 属 1 587 种。

短唇姜属，全属 5 种。

1. 裂唇短唇姜

Burbidgea schizocheila

多年生常绿草本，株高 40~60 cm。叶互生，椭圆形，先端尖，基部楔形，全缘。花序顶生，小花橙黄色。产婆罗洲。

象牙参属，全属 5 种。

2. 藏南象牙参
Roscoea bhutanica

多年生草本，茎粗壮，株高 8~14 cm。叶片椭圆形，全缘，绿色。花序顶生，花紫色。蒴果。产不丹及中国西藏。

3a. '紫色' 早花象牙参
Roscoea cautleoides 'Early Purple'

3. 早花象牙参 _Roscoea cautleoides_

多年生草本，株高 15~30（~60）cm。叶 2~4 枚，披针形或线形，稍折叠，无柄。花后叶出或与叶同出。穗状花序通常有花 2~5（~8）朵，花黄色或蓝紫色、深紫色、白色。蒴果。产中国云南、四川。

4. 大花象牙参 _Roscoea humeana_

象牙参属粗壮草本，株高达 20 cm。叶于花后发出，4~6 枚，紧密地覆瓦状排列，阔披针形或卵状披针形。穗状花序有花 4~8 朵，花青紫色、白色、紫红、粉红、黄色。蒴果。产中国云南、四川。

姜科 Zingiberaceae

47

二八、凤梨科 Bromeliaceae

陆生或附生草本。叶互生，狭长，常基生，呈莲座状排列。花两性，少单性，花序为顶生的穗状、总状、头状或圆锥花序。花瓣3片，分离或连合呈管状。浆果、蒴果或聚花果。全科52属3 320种。

光萼荷属，全属283种。

1. 粉苞光萼荷
Aechmea mariae-reginae

多年生常绿附生草本，莲座状，株高25~50 cm。叶长带形，边缘具细锯齿，绿色。花序大，穗状花序，苞片大，粉红色。产洪都拉斯及哥斯达黎加。

丽穗凤梨属，全属361种。

2. 帝王凤梨 *Vriesea imperialis*

多年生常绿草本，株高可达1.5 m。叶互生，狭长，基生，莲座式排列，单叶，全缘，叶背红色。基部鞘状，雨水沿叶面流入由叶鞘形成的贮水器中。花序顶生，圆锥花序，株高可达3~4 m，小花黄绿色。产巴西。

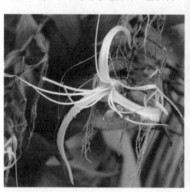

二九、罂粟科 Papaveraceae

草本或稀为亚灌木、小灌木或灌木，极稀乔木状。基生叶通常莲座状，茎生叶互生，稀上部对生或近轮生状。花单生或排列成总状花序、聚伞花序或圆锥花序。花两性，花瓣通常2倍于花萼，4~8（~16）片排列成2轮，稀无。蒴果。主产北温带，尤以地中海区、西亚、中亚至东亚及北美洲西南部为多。全科41属920种。

白屈菜属，全属2种。

1. 条裂白屈菜

Chelidonium majus
var. *laciniatum*

多年生草本，直立，株高60~90 cm。叶有羽状分裂，亮绿色。花序有分枝，花瓣多裂，黄色。蒴果。产欧洲及亚洲。

马裤花属，全属8种。

2a. '甜心'马裤花 *Dicentra* 'Candy Hearts'

园艺品种。多年生草本，丛生，叶轮廓为卵形，细裂，灰绿色。圆锥状花序，下垂，花心形，深粉红色。

2b. '红桃K'马裤花
Dicentra 'King of Hearts'

3. 繸毛马裤花 *Dicentra eximia*

多年生草本，枝条伸展，丛生，株高 45 cm。叶卵形，具细缺刻，灰绿色，背面有白霜。花序圆锥状，花枝细长，悬垂，花心形，粉红色、玫瑰紫色，偶见白色。蒴果。产北美洲。

3a. '斯图亚特·布思曼' 繸毛马裤花
Dicentra eximia
'Stuart Boothman'

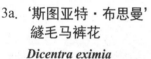
花菱草属，全属 12 种。

4. 洛比花菱草
Eschscholzia lobbii

多年生草本，直立，株高 5~15 cm。叶基生，叶片无毛，叶片细裂，线形。花杯状，花瓣黄色。蒴果。产美国。

5. 黄花海罂粟 *Glaucium flavum*

二年生或多年生草本，直立，株高 80 cm。叶卵形，浅裂，淡灰绿色。花似罂粟，鲜黄色，有时橙色或红色。蒴果。产黑海、高加索及欧洲。

6. 藿香叶绿绒蒿

Meconopsis betonicifolia

一年生或多年生草本，茎直立，株高 30~90 (~150)cm。基生叶卵状披针形或卵形，下部茎生叶同基生叶，上部茎生叶较小。花 3~6 朵，花瓣 4 片，或顶生花具 5~6 片，天蓝色或紫色，具明显的纵条纹。蒴果。产中国云南、西藏，缅甸也有。

7a. '杰布夫人' 绿绒蒿

Meconopsis 'Mrs Jebb'

园艺品种。多年生草本，茎直立，株高 50~80 cm。基生叶及茎生叶同型，卵状披针形，绿色。花瓣 4 片，蓝色。蒴果。

7b. '斯列维·多纳德' 绿绒蒿 *meconopsis* 'Slieve Donard'

8. 锥花绿绒蒿

Meconopsis wallichii

一年生草本，株高达 2 m。基生叶密聚，叶片形态多变，披针形、长圆形、长圆状椭圆形至倒披针形，通常近基部羽状全裂，近顶部羽状浅裂。花多数，下垂，排列成总状圆锥花序。花瓣 4 片，稀 5 片，黄色、淡紫色。蒴果。产中国西藏，尼泊尔、印度也有分布。

罂粟属，全属 55 种。

9. 人红罂粟 _Papaver bracteatum_

多年生草本，株高 20 cm。叶羽状分裂，具白色绒毛，绿色。花单生，橙红色。蒴果。产高加索及亚洲西部。

10. 光叶罂粟

Papaver dubium

多年生草本，株高 70 cm。茎单生或分枝，叶浅裂，灰绿色。花单生，橙红色。蒴果。产欧洲及亚洲西部。

11. '轻音乐'鬼罂粟

Papaver orientale 'Allegro'

园艺品种。多年生草本。茎单一，株高 60~90 cm。基生叶片轮廓卵形至披针形，二回羽状深裂，小裂片披针形或长圆形，具疏齿或缺刻状齿，茎生叶多数，互生，同基生叶，但较小。花单生。花瓣 4~6 片，红色或深红色，爪上具紫黑色斑点。蒴果。原种产地中海地区。

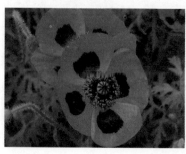

假烟堇属，全属 2 种。

12. 白花假烟堇
Pseudofumaria alba

多年生草本。叶灰绿色，蕨叶状，株高 20~35 cm。短总状花序，小花白色。蒴果。产欧洲。

岩堇属，全属 2 种。

13. 非洲岩堇 *Rupicapnos africana*

多年生草本，植株低矮，株高 20~30 cm。叶羽状分裂，小叶深裂，灰绿色。总状花序，花淡粉色。蒴果。产西班牙及非洲西北部。

金罂粟属，全属 3 种。

14. 白屈菜罂粟　美国金罂粟
Stylophorum diphyllum

多年生草本，茎直立，株高 30~50 cm。叶大，基生莲座状，深裂，有毛。花杯状，金黄色。蒴果椭圆形。产北美洲。

三〇、小檗科 Berberidaceae

多年生草本、灌木，稀小乔木。叶互生，稀对生或基生，单叶或一至三回羽状复叶。花单生，簇生或组成总状花序、穗状花序、伞形花序或圆锥花序。花两性，花被通常3基数，偶2基数。蒴果。主产北温带及亚热带高山地区。全科19属755种。

小檗属，全属580种。

1. 南阳小檗 *Berberis hersii*

落叶灌木，株高1~3 m。茎刺缺如或单生，偶三分叉。叶薄纸质，倒卵形、倒卵状椭圆形或椭圆形。总状花序具15~30朵花，花黄色。浆果。产中国。

2. 丽江小檗

Berberis lijiangensis

常绿灌木，株高1~2 m。茎刺细弱，三分叉。叶革质，长圆状椭圆形或狭椭圆形。花3~6朵簇生，花黄色。浆果。产中国。

3. '密花珊瑚'小檗

Berberis × stenophylla 'Corallina Compacta'

园艺品种。灌木，株高可达2 m。小叶披针形，绿色。花两性，总状花序，繁密，黄色。浆果。

山荷叶属，全属 3 种。

4. 伞花山荷叶 *Diphylleia cymosa*

多年生草本。叶盾状着生，圆形至横向长圆形，呈二半裂，每半裂具浅裂。聚伞花序，具花20余朵，花白色。浆果。产美国。

鬼臼属，全属 13 种。

5. 六角莲 *Dysosma pleiantha*

多年生草本，株高 20~60 cm。叶近纸质，对生，盾状，轮廓近圆形，5~9 浅裂。花梗常下弯，花紫红色，下垂。花瓣6~9 片，紫红色。浆果熟时紫黑色。产中国，生于林下、山谷溪旁或阴湿溪谷草丛中。

淫羊藿属，全属 65 种。

6. '彩斑'八角莲
Dysosma versipellis 'Spotty Dotty'

园艺品种。多年生草本，株高 40~150 cm。茎生叶 2 枚，薄纸质，互生，盾状，近圆形，4~9 掌状浅裂，叶上具褐色斑块。花梗纤细、下弯，花深红色，5~8 朵簇生于离叶基部不远处，下垂。浆果。原种产中国。

7. 粗毛淫羊藿
Epimedium acuminatum

多年生草本，株高 30~50 cm。一回三出复叶基生和茎生，小叶 3 枚，薄革质，狭卵形或披针形。圆锥花序具 10~50朵花，花色变异大，黄色、白色、紫红色或淡青色。蒴果。产中国。

8. 宝兴淫羊藿

Epimedium davidii

多年生草本，株高 30~50 cm。一回三出复叶基生和茎生，基生叶通常较花茎短得多，茎生 2 枚对生叶，小叶 5 枚或 3 枚，纸质或革质，卵形或宽卵形。圆锥花序，花淡黄色。蒴果。产中国。

9a. '淡紫' 朝鲜淫羊藿

Epimedium grandiflorum 'Lilafee'

园艺品种。多年生草本，株高 15~40 cm。二回三出复叶基生和茎生，通常小叶 9 枚。小叶纸质，卵形。总状花序顶生，具 4~16 朵花。花大，淡紫色。蒴果。原种产中国、朝鲜及日本。

9b. '银后' 朝鲜淫羊藿

Epimedium grandiflorum 'Silver Queen'

小檗科 Berberidaceae

北美桃儿七属，全属1种。

10. 北美桃儿七

Podophyllum peltatum

多年生草本，株高30~40 cm。叶伞状，浅裂至深裂。花大，单生，白色。浆果。产北美洲。

桃儿七属，全属1种。

11. 桃儿七

Sinopodophyllum hexandrum

多年生草本，植株高20~50 cm。叶2枚，薄纸质，非盾状，基部心形，3~5深裂几达中部。花大，单生，先叶开放，两性，整齐，粉红色。浆果熟时橘红色。产中国。

折瓣花属，全属3种。

12. 折瓣花

Vancouveria hexandra

多年生草本，株高40 cm。三出复叶，小叶鸭脚状，淡绿色。圆锥花序，小花白色，两性，花瓣反折。蒴果。产北美洲。

三一、毛茛科 Ranunculaceae

多年生或一年生草本，少有灌木或木质藤本。叶通常互生或基生，少数对生，单叶或复叶，通常掌状分裂。花两性，少有单性，雌雄同株或雌雄异株，单生或组成各种聚伞花序或总状花序。花瓣存在或不存在，4~5片，或较多。蓇葖果或瘦果，少数为蒴果或浆果。在世界各地广布，主要分布在北半球温带和寒温带。全科65属2 377种。

类叶升麻属，全属 30 种。

1. 白果类叶升麻
Actaea pachypoda

多年生草本，株高可达1 m。基生叶鳞片状，茎生叶互生，奇数羽状复叶，小叶椭圆形，边缘浅裂，绿色。总状花序，花白色。浆果白色。产北美洲。

侧金盏花属，全属 32 种。

2. 短柱侧金盏花 *Adonis davidii*

多年生草本。叶片五角形或三角状卵形，三全裂。花瓣7~10（~14）片，白色，有时带淡紫色，倒卵状长圆形或长圆形，顶端圆形或微尖。瘦果。产中国西藏、云南、四川、甘肃、陕西和山西，不丹也有。

银莲花属，全属 172 种。

3. 川西银莲花 *Anemone prattii*

多年生草本，植株高 11~30 cm。基生叶 1~2（~3）枚，叶心状五角形，三全裂。花葶上部有疏柔毛。苞片3枚，萼片5枚，白色，椭圆状倒卵形或椭圆形。分布于中国云南、四川。

4. 大花银莲花

Anemone sylvestris

多年生草本，植株高 18~
50 cm。叶片心状五角形，3 全裂。
花莛 1 根，直立。苞片 3 枚，萼
片 5（~6）枚，白色，倒卵形，外
面密被绢状短柔毛。聚合果。产
中国，欧洲、亚洲其他国家也有。

5. 匙叶银莲花

Anemone trullifolia

多年生草本。植株高 10~
18 cm。基生叶 5~10 枚，叶片
菱状倒卵形或宽菱形。花莛 1~4
根，有疏柔毛。苞片 3 枚，萼片
5（~7）枚，黄色，倒卵形。产
中国四川、西藏，印度、不丹也有。

6. 加拿大耧斗菜 *Aquilegia canadensis*

多年生草本，丛生，株高 60 cm。叶多，叶蕨叶状，暗绿色。花半下垂，钟状，花瓣黄色，萼片红色下延成距，红色，每茎着花数朵。蓇葖果。

7. 荒漠耧斗菜

Aquilegia desertorum

多年生草本，株高 15~60 cm。复叶，小叶椭圆形，深裂，灰绿色。花下垂，橙黄色。产美国。

8. 黄花耧斗菜

Aquilegia chrysantha

多年生草本，丛生，株高 30~120 cm。叶蕨叶状，全裂，绿色，花半下垂，钟状，黄色，长距，每茎着花数朵。蓇葖果。产美国及墨西哥。

60

9. 长距耧斗菜

Aquilegia longissima

多年生草本，丛生，叶多，株高 25~90 cm。叶蕨叶状，全裂，绿色。花钟状，花瓣黄色，萼片淡黄色，距极长，每茎着花数朵。蓇葖果。产美国。

铁破锣属，全属 2 种。

10. 铁破锣 ***Beesia calthifolia***

多年生草本。叶 2~4 枚，叶片肾形、心形或心状卵形，边缘密生圆锯齿。萼片白色或带粉红色，狭卵形或椭圆形。蓇葖果。产中国云南、四川、贵州、广西、湖南、湖北、陕西及甘肃，缅甸也有。

驴蹄草属，全属 6 种。

11. 驴蹄草 ***Caltha palustris***

多年生草本。茎高（10~）20~48 cm。基生叶 3~7 枚，叶片圆形、圆肾形或心形，边缘全部密生正三角形小牙齿。茎或分枝顶部有由 2 朵花组成的简单的单歧聚伞花序。萼片 5 枚，黄色，倒卵形或狭倒卵形。蓇葖果。在北半球温带及寒温带地区广布，中国也有。

毛茛科 Ranunculaceae

61

铁线莲属，全属373种。

12a. '蓝衣仙女'铁线莲
Clematis 'Fairy Blue'

园艺品种。多年生木质藤本。叶对生，复叶，小叶卵形，边缘具深锯齿。花两性，萼片紫红色，花瓣状。瘦果。

12b. '时空'铁线莲
Clematis 'Shikoo'

12c. '爵士'铁线莲
Clematis 'Chevalier'

13. 全缘铁线莲
Clematis integrifolia

直立草本或半灌木，株高1~1.5 m。单叶对生，叶片卵圆形至菱状椭圆形，基出主脉3~5条，抱茎。单花顶生，下垂，萼片4枚，紫红色、蓝色或白色，直立，长方椭圆形或窄卵形。瘦果。产中国新疆，欧洲至俄罗斯也有。

14. 石纹铁线莲
Clematis marmoraria

常绿灌木，株高10~15 cm。复叶，小叶深裂，绿色。花两性，萼片6枚，白色，雄蕊黄色。瘦果。产新西兰。

15. 绣球藤 *Clematis montana*

木质藤本。三出复叶，数叶与花簇生，或对生。小叶片卵形、宽卵形至椭圆形，边缘缺刻状锯齿由多而锐至粗而钝。花 1~6 朵与叶簇生，萼片 4 枚，开展，白色或外面带淡红色。瘦果。产中国，尼泊尔、印度也有。

16. 尖叶铁筷子

Helleborus argutifolius

多年生草本，丛生，具根状茎，株高 60 cm。单叶，鸡足状全裂，边缘具尖刺。聚伞花序，花序大。萼片花瓣状，淡绿色，花瓣小，杯形。蓇葖果。产欧洲。

毛茛科 Ranunculaceae

17. 尖裂铁筷子

Helleborus multifidus

多年生草本，株高 50 cm。单叶，鸟足状全裂，小叶披针形，边缘具锐刺。聚伞花序，萼片 5 枚，花瓣状，花小。蓇葖果。产欧洲。

63

18. 东方铁筷子

Helleborus orientalis

多年生草本，株高 30~45 cm。叶大，鸟足状深裂，小叶椭圆形，边缘具细齿。萼片花瓣状，淡绿色、白色、粉红色至玫瑰紫色。蓇葖果。产欧洲及高加索。

白头翁属，全属 17 种。

19. 早花白头翁

Pulsatilla vernalis

多年生草本，丛生，株高 5~10 cm。叶基生，羽状分裂。花芽密被绒毛，花珍珠白色，杯状。聚合果。

20. 欧白头翁 普通白头翁

Pulsatilla vulgaris

丛生，株高 15~25 cm。叶基生，羽状分裂，淡绿色。花杯状，下垂，紫色、红色、粉红色或白色，花蕊黄色。聚合果。产欧洲及亚洲西南部。

毛茛属，全属 413 种。

21. 乌头叶毛茛

Ranunculus aconitifolius

多年生草本，株高 60 cm。叶掌状深裂，绿色，边缘具粗齿。聚伞花序，花瓣 5 片，白色，花蕊黄色。瘦果。产欧洲。

64

21a. '重瓣' 乌头叶毛茛

Ranunculus aconitifolius 'Flore Pleno'

22. 高毛茛 *Ranunculus acris*

多年生草本，株高可达 1 m。叶 3 深裂，绿色。聚伞花序，花两性，花瓣 5 片，黄色。瘦果。产欧洲。

23. 抱茎毛茛

Ranunculus amplexicaulis

多年生草本，直立，株高25 cm。叶窄椭圆形，蓝灰色，抱茎，全缘。花簇生，浅杯状，白色，花药黄色。瘦果。产法国及西班牙。

24. 禾草叶毛茛

Ranunculus gramineus

多年生草本，茎直立，纤细，株高 40~50 cm。叶基生，叶禾草状，蓝绿色。花杯状，亮黄色。瘦果。产欧洲及非洲。

25. 山毛茛

Ranunculus montanus

多年生草本，株高 5~10 cm。叶基生，叶深裂，绿色。花单生，花瓣 5 片，黄色，花蕊黄色。瘦果。产欧洲。

唐松草属，全属 157 种。

26. 欧洲唐松草
Thalictrum aquilegifolium

多年生草本，株高 60~
150 cm。基生叶在开花时枯萎。
茎生叶为三至四回三出复叶，小
叶草质，顶生小叶倒卵形或扁圆
形。圆锥花序伞房状，有多数密
集的花，萼片白色或外面带紫色。
瘦果梨形。产欧洲。

毛茛科 Ranunculaceae

66

27a. '奥斯卡·斯科夫'芸香唐松草
Thalictrum thalictroides 'Oscar Schoaf'

园艺品种。多年生草本，株高 10~30 cm。叶心形，
上端 3 浅裂。伞房花序，重瓣，粉红色。原种产北美洲。

27b. '阿米莉亚'芸香唐松草
Thalictrum thalictroides 'Amelia'

三二、山龙眼科 Proteaceae

乔木或灌木，稀为多年生草本。叶互生，稀对生或轮生，全缘或各式分裂。花两性，稀单性，排成总状、穗状或头状花序，腋生或顶生。花被片4枚，花蕾时花被管细长，开花时分离或花被管一侧开裂或下半部不裂。蓇葖果、坚果、核果或蒴果。主产大洋洲和非洲南部，亚洲和南美洲也有分布。全科68属1 252种。

佛塔树属，全属84种。

1. 小叶佛塔树 *Banksia ericifolia*

常绿灌木，茎细长，多分枝，株高3~6 m。叶小，针形，密生于枝上，绿色。穗状花序，瓶刷状，直立，花密集，花小，管状，青铜红色或黄色。产澳大利亚。

筒瓣花属，全属1种。

2. 筒瓣花 *Embothrium coccineum*

常绿或半常绿乔木，树冠直立，株高近10 m。叶椭圆形，互生，深绿色，具光泽。花冠合生，花瓣反卷，橙红色。产智利。

银桦属，全属372种。

3. '堪培拉·吉姆' 银桦
Grevillea 'Canberra Gem'

园艺品种。常绿灌木，株高可达2 m。叶互生，线状，绿色。总状花序，花两性，橙红色。蓇葖果。

4. 约翰逊银桦

Grevillea johnsonii

灌木，冠开展，株高可近5 m。叶长，全裂，松针状，嫩叶具绒毛。花蛛状，簇生，红色或橙色。蓇葖果。产澳大利亚。

泽玫瑰属，全属1种。

5. 泽玫瑰　山栖木

Orothamnus zeyheri

灌木，株高可达5 m。叶密生，卵圆形，全缘，绿色，具白色长绒毛。花顶生，红色。产南非。

蒂罗花属，全属1种。

6. 蒂罗花 **Telopea oreades**

灌木或小乔木，株高可达20余米。叶光滑，宽披针形，背面常具白粉，全缘。头状花序球形，红色。产澳大利亚。

三三、大叶草科 Gunneraceae

多年生草本，叶基生，叶大，轮廓为卵形、倒卵形，常掌状分裂，全缘或有锯齿。雌雄同株或异株，圆锥花序，花小。核果或坚果。全科1属69种。

大叶草属，全属69种。

长萼大叶草　大叶蚁塔

Gunnera manicata

多年生草本，株高2~3 m，具肥厚的肉质茎。叶大型，直径可达2 m，叶柄粗壮，布满尖刺。花序圆锥塔状，淡绿色并带棕红色。产巴西。

68

三四、芍药科 Paeoniaceae

灌木或多年生草本，根肉质。叶互生，通常为二回三出复叶，小叶片不裂而全缘或分裂、裂片常全缘。单花顶生，或数朵生枝顶，或数朵生茎顶和茎上部叶腋，有时仅顶端一朵开放，大型；花瓣5~13片（栽培者多为重瓣）。蓇葖果。分布于欧亚大陆温带地区。全科1属36种。

芍药属，全属 36 种。

1. 新疆芍药 *Paeonia anomala*

多年生草本。叶为一至二回三出复叶，叶片轮廓宽卵形，小叶成羽状分裂，裂片披针形至线状披针形。花单生茎顶，花瓣9片，红色，倒卵形。蓇葖果卵状。产中国。

2. 川赤芍

Paeonia anomala
subsp. *veitchii*

多年生草本。茎高30~80 cm。叶为二回三出复叶，叶片轮廓宽卵形，小叶成羽状分裂，裂片窄披针形至披针形。花2~4朵，生茎顶端及叶腋，有时仅顶端一朵开放，花瓣6~9片，倒卵形，紫红色或粉红色。蓇葖果。产中国。

Paeonia veitchii

3. 恩洛克氏芍药
Paeonia daurica
subsp. ***mlokosewitschii***

多年生草本，株高60~70 cm。二出三回复叶，小叶倒卵形，绿色。单花，顶生，花大，淡黄色。蓇葖果。产阿塞拜疆、格鲁吉亚和塔吉斯坦等地。

4. 达呼里芍药 ***Paeonia daurica***

多年生草本，株高60~100 cm。二出三回复叶，小叶圆形，边缘波状。花大，单生，粉红色。蓇葖果。产克里米亚及高加索。

5. 紫牡丹 ***Paeonia delavayi***

亚灌木，全体无毛。茎高1.5 m。叶为二回三出复叶。叶片轮廓为宽卵形或卵形，羽状分裂，裂片披针形至长圆状披针形。花2~5朵，生枝顶和叶腋，花瓣9（~12）片，红色、红紫色，倒卵形。蓇葖果。产中国。

5a. '白花'紫牡丹
Paeonia delavayi 'Alba'

6. 多花芍药 *Paeonia emodi*

多年生草本。茎高 50～70 cm。下部叶为二回三出复叶，上部叶 3 深裂或全裂。顶生小叶近 3 全裂或 2 裂，侧生小叶不裂或不等 2 裂。花 3～4 朵，生茎顶和叶腋，全发育开放或仅顶端一朵开放，花瓣白色，倒卵形。蓇葖果 2 枚。产中国、尼泊尔及印度。

7. 大花黄牡丹 *Paeonia ludlowii*

多年生灌木，株高可达 3.5 m。二回三出复叶，小叶近无柄，深裂，边缘全缘或具 1 枚或 2 枚齿。花腋生，花大，金黄色。蒴果。产中国西藏。

8. 药用芍药 *Paeonia officinalis*

多年生草本，丛生，具根状茎，株高 60 cm。二回三出复叶，小叶椭圆形，全缘。花单生，花瓣大，单瓣，粉红色。产欧洲。

8a. '玫红'药用芍药
Paeonia officinalis 'Rosea'

9. 欧洲芍药　华丽芍药
Paeonia peregrina

多年生草本，丛生，具根状茎，株高 1 m。小叶羽状分裂，绿色。花碗状，单瓣，红宝石色。蓇葖果。产欧洲。

10. 细叶芍药
Paeonia tenuifolia

又名细裂芍药，多年生草本，丛生，株高 50~70 cm。叶裂片狭窄，丝状或线性。花单瓣，暗红色，雄蕊金黄色。蓇葖果。产欧洲及高加索。

三五、金缕梅科 Hamamelidaceae

常绿或落叶乔木和灌木。叶互生，很少是对生的。花排成头状花序、穗状花序或总状花序，两性，或单性而雌雄同株，稀雌雄异株，有时杂性；异被，或缺花瓣，少数无花被；花瓣与萼裂片同数。蓇葖果。主要分布于亚洲东部，美洲、非洲、大洋洲也有。全科 22 属 99 种。

蜡瓣花属，全属 25 种。

1. 维奇红药蜡瓣花
Corylopsis veitchiana

落叶灌木。叶倒卵形或椭圆形，边缘有锯齿。总状花序，花瓣匙形，雄蕊稍突出花冠外，花药红褐色。蓇葖果。产中国。

银刷树属，全属2种。

2. 大银刷树 *Fothergilla major*

落叶直立灌木，株高3m。叶卵形，边缘具齿，具光泽，绿色，秋季变为红色、橙色或黄色。花芳香，花蕊丝状，白色。产美国。

三六、茶藨子科 Grossulariaceae

落叶，稀常绿或半常绿灌木。单叶互生，稀丛生，常3~5 (~7) 掌状分裂，稀不分裂。花两性或单性而雌雄异株，5数，稀4数；总状花序，有时花数朵组成伞房花序或几无总梗的伞形花序，或数朵簇生，稀单生；花瓣5 (4) 片，小，与萼片互生，有时退化为鳞片状，稀缺花瓣。浆果。主要分布于北半球温带和较寒冷地区，少数种类延伸到亚热带和热带山地。全科1属4种。

茶藨子属，全属194种。

吊钟茶藨子　美丽茶藨子
Ribes speciosum

落叶灌木，多刺，株高2m或更高。叶亮绿色，具光泽，椭圆形，3~5裂。花红色，细长管状，下垂，雄蕊长，红色，花梗及花被片上具红色长绒毛。果实球状，红色。产美国的加利福尼亚。

三七、虎耳草科 Saxifragaceae

草本、灌木、小乔木或藤本。单叶或复叶，互生或对生。通常为聚伞状、圆锥状或总状花序，稀单花；花两性，稀单性，花被片4~5数，稀6~10数；花冠辐射对称，稀两侧对称，花瓣一般离生。蒴果、浆果、小蓇葖果或核果。分布极广，几遍全球，主产温带。全科48属775种。

岩白菜属，全属10种。

1. 岩七 *Bergenia ciliata*

多年生常绿草本，丛生，株高30 cm。叶大，圆形，被毛，全缘。聚伞花序，花白色，后变为粉红色。产喜马拉雅地区。

2. '紫花' 厚叶岩白菜
Bergenia cordifolia 'Purpurea'

园艺品种。多年生草本，株高15~31 cm。叶均基生，叶片革质，倒卵形、狭倒卵形、阔倒卵形或椭圆形。聚伞花序圆锥状，具多花。花瓣红紫色，椭圆形至阔卵形。产中国、俄罗斯及朝鲜。

74

3. 岩白菜 *Bergenia purpurascen*

多年生草本，株高13~52 cm。叶均基生，叶片革质，倒卵形、狭倒卵形至近椭圆形，稀阔倒卵形至近长圆形。聚伞花序圆锥状，花瓣紫红色，阔卵形。产中国、缅甸、印度、不丹及尼泊尔。

4. 短柄岩白菜

Bergenia stracheyi

多年生草本，株高约20 cm。叶片倒卵形，先端钝圆，基部楔形或稍圆，边缘有锯齿或重锯齿。聚伞花序圆锥状，花瓣红色，近匙形。产中国西藏，印度、尼泊尔、巴基斯坦、阿富汗、俄罗斯及克什米尔地区也有。

5a. '宝斯利粉' 岩白菜

Bergenia 'Pugsley's Pink'

园艺品种。多年生草本，株高 20~30 cm。叶大，卵形，基部楔形，全缘，绿色。聚伞花序，花瓣紫红色。

5b. '森宁代尔' 岩白菜

Bergenia 'Sunningdale'

金腰属，全属 73 种。

6. 锈毛金腰

Chrysosplenium davidianum

多年生草本，株高(1~)3.5~
19 cm，丛生。基生叶具柄，叶
片阔卵形至近阔椭圆形，茎生叶
(1~)2~5枚，互生，向下渐变小，
叶片阔卵形至近扇形。聚伞花序
具多花。花黄色。蒴果。产中国
四川、云南。

雨伞草属，全属 1 种。

7. 雨伞草 *Darmera peltata*

多年生草本，茎被白色毛，
株高可达 1~1.2 m。叶大，圆形，
浅裂，具锯齿。伞形花序，花白
色或淡粉红色，先花后叶或同放。
产美国。

矾根属，全属 58 种。

8. '焦糖' 矾根

***Heuchera* 'Caramel'**

园艺品种。多年生常绿草本，
株高 30~50 cm。叶轮廓圆形，
有分裂，焦糖色。花序具分枝，
花小，白色。蒴果。

9. 塔顶矾根 *Heuchera cylindrica*

多年生常绿草本，株高
60 cm。叶轮廓卵形，叶浅裂，
绿色。花序具分枝，花小，芳香，
白色、绿色或粉红色。蒴果。产
北美洲。

虎耳草科 Saxifragaceae

10. '紫色宫殿' 异叶小花矾根

Heuchera micrantha
var. *diversifolia*
'Palace Purple'

园艺品种。多年生常绿草本，株高 50 cm。叶卵形，分裂，皱褶，铜绿色。花序具分枝，花小，紫红色。蒴果。

11. 晚红矾根

Heuchera rubescens

多年生无茎草本，连花茎高 6~50 cm。叶 3~7 浅裂，基部心形或截形，边缘具锯齿。花序密集，花粉红色。蒴果。产美国及墨西哥。

鬼灯檠属，全属 2 种。

12. 七叶鬼灯檠

Rodgersia aesculifolia

多年生草本，株高 0.8~1.2 m。掌状复叶具长柄，小叶片 5~7 枚，草质，倒卵形至倒披针形。多歧聚伞花序圆锥状，萼片（6~）5 枚，开展，近三角形。蒴果。产中国。

13. 羽叶鬼灯檠

Rodgersia pinnata

多年生草本，株高 0.25~1.5 m。近羽状复叶，基生叶和下部茎生叶通常具小叶片 6~9 枚，上有顶生者 3~5 枚，下有轮生者 3~4 枚，上部茎生叶具小叶片 3 枚。多歧聚伞花序圆锥状，具多花。萼片 5 枚，革质，近卵形。蒴果。产中国。

14. 鬼灯檠 *Rodgersia podophylla*

多年生草本，株高0.6~1 m。基生叶少数，为掌状复叶，小叶片5~7枚，近倒卵形。圆锥花序顶生，多花。萼片5~7枚，白色，近卵形。花瓣不存在。蒴果。产中国吉林、辽宁等省，日本、朝鲜也有。

虎耳草属，全属450种。

15. 塞文虎耳草
Saxifraga cebennensis

多年生草本，株高5~12 cm。叶簇生于茎顶，小叶卵形，边缘浅裂，上具伏糙毛，绿色。聚伞花序，花瓣5片，白色。蒴果。产法国的塞文山脉。

16. 马德拉虎耳草
Saxifraga maderensis

多年生草本，株高10 cm。叶基生，叶柄红色，叶片卵形，浅裂，绿色。聚伞花序，花瓣5片，白色。蒴果。产马德拉群岛。

17. '莲座'圆锥虎耳草
Saxifraga paniculata
'Rosularis'

园艺品种。多年生草本，呈密集莲座状，株高10~30 cm。叶椭圆形至卵形，边缘具密集的锯齿，绿色。聚伞花序，花密集，白色，具淡紫红色斑点或无。蒴果。原种产美国、欧洲及亚洲。

18. 平卧虎耳草

Saxifraga pedemontana
subsp. **prostii**

多年生草本，株高 15 cm。
叶轮廓为卵形，深裂近基部，上
具伏糙毛。聚伞花序，花瓣 5 片，
白色。蒴果。产法国。

19. 莫希虎耳草

Saxifraga reuteriana

多年生草本，株高 5~10 cm。
叶互生，下部叶三深裂，顶部叶不
裂，线形，具长糙毛。聚伞花序，
花瓣 5 片，白色，常反折。产阿尔
卑斯山。

20. 圆叶虎耳草

Saxifraga rotundifolia

多年生草本，株高 20~50 cm。
叶基生，卵圆形，基部心形，边缘
具圆齿。聚伞花序，花瓣 5 片，花小，
白色，上具紫色斑点。蒴果。产欧洲。

21. '南方'虎耳草

Saxifraga
　　'Southside seedling'

　　园艺品种。多年生草本，株高 30 cm。叶莲座状，叶近匙形，绿色。聚伞花序，花繁密，花瓣5片，白色，基部具紫斑及斑点。蒴果。

22. 匙叶虎耳草

Saxifraga spathularis

　　多年生草本，株高20~30 cm。叶莲座状，匙形，绿色，边缘具圆齿，叶柄具白色棉毛。聚伞花序，花瓣5片，白色，上有紫色斑点。蒴果。产欧洲。

23. '史丹弗'虎耳草

Saxifraga 'Stansfieldii'

　　园艺品种。多年生草本，垫状，株高 15 cm。叶小，3深裂，绿色。聚伞花序，花密集，小花粉红色。蒴果。

24. '报春' 耐阴虎耳草
Saxifraga umbrosa
'Primuloides'

园艺品种。多年生草本，株高 15 cm。叶莲座状，椭圆形，边缘具锯齿，绿色。聚伞花序，小花繁密，花白色，上有紫色斑点，花蕊红色。蒴果。

饰缘花属，全属 10 种。

25. 饰缘花 *Tellima grandiflora*

多年生半常绿草本，丛生，株高 60 cm。叶心形，边缘浅裂，具绒毛，亮绿色。总状花序，花小，钟状，乳黄色。蒴果。

黄水枝属，全属 8 种。

26. '甜与辣' 黄水枝
Tiarella 'Sugar and Spice'

园艺品种。多年生草本，株高 30~50 cm。单叶，掌状分裂，边缘浅裂，叶基常呈紫色。圆锥花，小花白色。蒴果。

三八、景天科 Crassulaceae

　　草本、半灌木或灌木，常有肥厚、肉质的茎、叶。叶互生、对生或轮生，常为单叶，全缘或稍有缺刻，少有为浅裂或为单数羽状复叶的。常为聚伞花序，或为伞房状、穗状、总状或圆锥状花序，有时单生。花两性，或为单性而雌雄异株，花各部常为 5 数，少有为 3 数、4 数，或 6~32 数；蓇葖果，稀为蒴果。产非洲、亚洲、欧洲、美洲。全科 50 属 1 482 种。

莲花掌属，全属 89 种。

1. 小人祭　*Aeonium sedifolium*

　　多年生肉质草本，株形低矮，株高 30 cm。叶排成莲座状，匙形，叶缘常为红色。伞房状花序，小花黄色。蓇葖果。产非洲。

金粟景天属，全属 1 种。

2. 金粟景天　对叶景天
Chiastophyllum oppositifolium

　　多年生常绿草本，株高 15~20 cm，蔓生。叶大，椭圆形，具粗锯齿，肉质。花枝高出叶，低垂，小花多数，黄色。蓇葖果。产高加索山脉。

景天科 Crassulaceae

3. 圣塔 *Cotyledon orbiculata*

常绿灌木，直立，茎肉质。株高约 50 cm。茎膨大。叶薄，倒卵形，绿色，密被白色蜡质，边缘有时红色。花茎低垂，小花管状，橙色。产非洲。

4. 莲座青锁龙 *Crassula socialis*

多年生多浆植物，冠开展，株高 5 cm。叶密集，莲座状，叶片三角形，肉质，绿色，光照强时转红色。花簇生于茎顶，星状，白色。产南非。

5. 月影 *Echeveria elegans*

多年生多浆植物，丛生，株高 5 cm。叶莲座状，叶宽卵形，基生，肉质，淡银蓝色。花小，前端黄色，底部暗红色。产墨西哥。

6. 大姬星美人 *Sedum dasyphyllum*

多年生草本，丛生，株高 5~8 cm。叶圆形，绿色，肉质。伞房状花序，小花星状，白色。蓇葖果。产欧洲。

景天科 Crassulaceae

83

7. 伏地景天 *Sedum humifusum*

多年生肉质草本，垫状，株高 1~2 cm。叶密生，新叶绿色，光照较强时转为红色。花星状，金黄色。蓇葖果。产墨西哥。

8. 匙叶景天 *Sedum spathulifolium*

多年生常绿草本，垫状，丛生，株高 5 cm。叶肉质，莲座状，绿色，上被白粉，常泛古铜色。伞房状花序，花小，黄色，株高于叶丛。蓇葖果。产北美洲。

8a. '紫'匙叶景天
Sedum spathulifolium 'Purpureum'

9. 灰岩长生草

Sempervivum calcareum

多年生草本，株高 15 cm。叶莲座状，卵形，全缘，肉质，绿色，上部边缘暗红色。花粉红色。产法国。

10. 酒红山长生草

Sempervivum montanum subsp. ***burnatii***

多年生常绿草本，垫状，株高 10~15 cm。叶莲座状，卵形，肉质，暗绿色。花茎粗壮，远高于叶面，花星状，酒红色，簇生于顶端。产法国。

三九、豆科 Fabaceae

乔木、灌木、亚灌木或草本，直立或攀缘。叶通常互生，稀对生，常为一回或二回羽状复叶，少数为掌状复叶或 3 枚小叶、单小叶，或单叶，罕可变为叶状柄。花两性，稀单性，常排成总状花序、聚伞花序、穗状花序、头状花序或圆锥花序；花被 2 轮；花瓣（0~）5（6）片。荚果。广布于全世界。全科 946 属 24 505 种。

同瓣豆属，全属 8 种。

1. 同瓣豆 *Amicia zygomeris*

多年生草本，灌木状，株高 30~120 cm。羽状复叶，由 2 对心形小叶组成，绿色。总状花序，花黄色，托叶近紫色。荚果。产墨西哥。

2. '暗红'阿尔卑岩豆

***Anthyllis montana* 'Atrorubens'**

园艺品种。多年生草本，灌木状，枝伸展，茎基部木质化，株高 30 cm。叶羽状分裂，小叶椭圆形，上具白色长绒毛，灰绿色。头状花序，花状似三叶草花的形状，暗红色。产欧洲、非洲及亚洲。

3. '绯红'岩豆

***Anthyllis vulneraria* 'Coccinea'**

园艺品种。多年生草本，株高 5~40 cm，茎单一或分枝。羽状复叶，小叶披针形，绿色，全缘。头状花序，花绯红色。荚果。原种产欧洲、亚洲、非洲及北美洲。

绒雀豆属，全属 1 种。

4. 绒雀豆

Argyrocytisus battandieri

落叶灌木，株高可达 2~4.5 m。羽状复叶 3 枚小叶，小叶椭圆形，具白色短绒毛，呈银灰色。总状花序，着花数十朵，花黄色。荚果。产非洲阿特拉斯山脉。

宝冠木属，全属32种。

5. 绣球宝冠木　委内瑞拉玫瑰
Brownea grandiceps

小乔木，株高可达6 m。羽状复叶，小叶椭圆形，先端具滴水尖。头状花序含数十朵小花，花红色。荚果。产南美洲。

鱼鳔槐属，全属25种。

6. '古铜'鱼鳔槐
Colutea 'Copper Beauty'

园艺品种。落叶灌木，株高1.5~2 m。羽状复叶，小叶卵形。总状花序腋生，花古铜色，花瓣基部具黄色眼斑。

7. 东方鱼鳔槐 *Colutea orientalis*

落叶灌木，丛生，株高2 m。奇数羽状复叶，由7枚或9枚卵形小叶组成，灰绿色。总状花序，花黄色至褐红色，具黄色斑点。荚果。产俄罗斯及伊朗。

冠花豆属，全属 10 种。

8. 冠花豆
Coronilla valentina
subsp. ***glauca***

常绿灌木，丛生，株高 1.5 m。羽状复叶，小叶近卵形，绿色，被白粉。伞形花序，花芳香，蝶形，黄色。荚果。产欧洲。

金雀儿属，全属 73 种。

9a. '红宝石'金雀儿
Cytisus 'Bodioop Ruby'

园艺品种。落叶灌木，株高 1 m。掌状三出复叶，小叶披针形，全缘。总状花序，花冠紫红色。荚果。

9b. '萤火虫'金雀儿
Cytisus 'Fire Fly'

88

10. 丛藓状毛金雀儿
Cytisus hirsutus subsp. ***polytri***

落叶灌木，铺地生长。掌状三出复叶，小叶卵形，上被长绒毛，绿色，全缘。花冠黄色。荚果。产欧洲。

猬豆属，全属 3 种。

11. 猬豆 *Erinacea anthyllis*

常绿亚灌木，垫状，株高 15~25 cm。叶刺形，坚硬，蓝绿色。花蝶形，淡紫色，腋生。荚果。产比利牛斯山。

山羊豆属，全属 5 种。

12. 东方山羊豆

Galega orientalis

多年生草本，株高可达 2 m。奇数羽状复叶，小叶近卵形，绿色，不对称。总状花序，着生 70 余朵小花，花蓝紫色。荚果。产俄罗斯、亚美尼亚和阿塞拜疆。

染料木属，全属 125 种。

13. 西班牙染料木

Genista hispanica

落叶灌木，株高 1.5 m，丛生，刺极多。叶少，互生，卵形，光亮。总状花序，花密集，金黄色。荚果。产欧洲。

14. 矮丛小金雀 *Genista lydia*

落叶灌木，分枝细长，株高45~60 cm。叶小，单生，无柄，蓝绿色。总状花序，小花蝶形，多数，亮黄色。荚果。产巴尔干及叙利亚。

15. 蝎子旃那

Hippocrepis emerus

矮小灌木，株高0.5~1 m。奇数羽状复叶，小叶薄纸质，粉绿色，倒卵形。花2~7朵集生，花冠淡黄色至黄色。荚果。产欧洲。

豆科 Fabaceae

毒豆属，全属4种。

16. 毒豆　金链花

Laburnum anagyroides

乔木，株高2~5 m。三出复叶，具长柄，小叶椭圆形至长圆状椭圆形，纸质。总状花序顶生，下垂，花冠黄色，旗瓣阔卵形，翼瓣几与旗瓣等长，长圆形，龙骨瓣阔镰形。荚果。原产欧洲南部。

山黧豆属，全属 159 种。

17. 春花山黧豆
Lathyrus venetus

多年生草本，丛生，茎细长，株高 30 cm。偶数羽状复叶，小叶卵形，全缘，绿色。总状花序腋生，多花，紫色。荚果。产欧洲。

百脉根属，全属 141 种。

18. 百脉根 *Lotus corniculatus*

多年生草本，株高 15~50 cm。羽状复叶小叶 5 枚，顶端 3 枚小叶，基部 2 枚小叶呈托叶状，纸质，斜卵形至倒披针状卵形。伞形花序，花冠黄色或金黄色。荚果。产亚洲、欧洲、北美洲和大洋洲。

19. 金斑百脉根 *Lotus maculatus*

多年蔓生草本。羽状复叶，小叶线形，灰绿色。伞形花序，花蝶形，花瓣橙色带褐红色。荚果。产加那利群岛。

20. 翡翠葛　绿玉藤

Strongylodon macrobotrys

木质藤本，蔓长可达 20 余米。三出复叶，小叶长卵形，基出脉，全缘。总状花序，长可达 3 m，花蓝绿色。荚果。产菲律宾。

21. 披针叶野决明

Thermopsis lanceolata

多年生草本，株高 12~40 cm。3 枚小叶，小叶狭长圆形，倒披针形。总状花序顶生，具花 2~4 轮。花冠黄色。荚果。产中国、西伯利亚、日本、朝鲜及北美洲。

22. 荆豆　*Ulex europaeus*

多刺灌木，株高 0.5~1.5 m，多分枝，小枝先端均变为尖刺。几无叶。复总状花序，花冠鲜黄色，蝶形，具芳香。荚果。产欧洲。

23. '白花'多花紫藤
Wisteria floribunda 'Alba'

园艺品种。落叶藤本。羽状复叶，小叶 5~9 对，薄纸质，卵状披针形，自下而上等大或逐渐狭短。总状花序生于当年生枝的枝梢，同一枝上的花几同时开放，花冠白色。荚果。原种产日本。

24. '紫长木'矮紫藤
Wisteria frutescens
'Longwood Purple'

园艺品种。落叶藤本，蔓长可达 5 m。奇数羽状复叶，小叶椭圆形，全缘，绿色。总状花序，花蓝紫色。荚果。原种产美国。

豆科 Fabaceae

93

25. 紫藤 *Wisteria sinensis*

落叶藤本。奇数羽状复叶，小叶 3~6 对，纸质，卵状椭圆形至卵状披针形。总状花序发自去年生短枝的腋芽或顶芽，芳香。花冠紫色。荚果。产中国。本株从中国引进的紫藤至少已有 260 年。

94

四〇、远志科 Polygalaceae

一年生或多年生草本，或灌木或乔木，罕为寄生小草本。单叶互生、对生或轮生。花两性，两侧对称，排成总状花序、圆锥花序或穗状花序，腋生或顶生。蒴果。广布于全世界。全科27属1 163种。

远志属，全属623种。

1. 阿马拉远志 *Polygala amara*

多年生草本，株高 20 cm。单叶互生，叶纸质，全缘，绿色，椭圆形。总状花序，花瓣 3 片，紫色。蒴果。产欧洲。

2. '非洲'灌丛远志

***Polygala fruticosa* 'Africana'**

园艺品种。常绿灌木，株高50~90 cm。单叶，卵圆形，对生，革质，绿色，全缘。总状花序，花瓣 3 片，粉红色。蒴果。原种产非洲。

3. 桃金娘叶远志

Polygala myrtifolia

常绿灌木，株高可近 2 m。叶互生，绿色，椭圆形至长圆形，全缘。花紫色至粉红色，簇生。蒴果。产南美洲。

四一、蔷薇科 Rosaceae

草本、灌木或乔木，落叶或常绿，有刺或无刺。叶互生，稀对生，单叶或复叶。花两性，稀单性。萼片和花瓣同数，通常 4~5 片，覆瓦状排列，稀无花瓣。蓇葖果、瘦果、梨果或核果，稀蒴果。分布于全世界，北温带较多。全科 104 属 4 828 种。

芒刺果属，全属 31 种。

1. '紫地毯' 小叶芒刺果
Acaena microphylla 'Purple Carpet'

园艺品种。多年生草本。植株紧凑，垫状丛生，株高 5 cm。羽状复叶，小叶卵圆形，边缘具深锯齿，古铜色。头状花序，小花白色，苞片暗红色。原种产新西兰。

羽衣草属，全属 598 种。

2. 红柄羽衣草
Alchemilla erythropoda

多年生草本，株高 15 cm。叶基生，掌状深裂，边缘具粗锯齿，绿色。头状花序，黄绿色。产欧洲及高加索。

3. '罗巴斯塔' 柔毛羽衣草
Alchemilla mollis 'Robusta'

园艺品种。多年生草本，丛生，地被状，株高 50 cm。叶圆形，淡绿色，边缘浅裂，具锯齿。花序小，花微小，亮黄绿色，外轮花萼明显。原种产欧洲。

4. 黑涩石楠 *Aronia melanocarpa*

落叶灌木，株高 1~3 m。叶椭圆状卵形至倒卵形，绿色，边缘具细锯齿。复聚伞花序，小花白色，花瓣 5 片。浆果，黑色。产美国。

5. '美丽'大果枸子

Cotoneaster conspicuus 'Decorus'

园艺品种。常绿灌木，枝弓形，株高可达 1 m。叶长椭圆形，光滑，暗绿色，厚革质。花小，花瓣 5 片，白色。果实大，猩红色或橙红色。果实梨果状。原种产中国西藏。

6. '红保罗'钝裂叶山楂

Crataegus laevigata 'Pauls Scarlet'

园艺品种。落叶乔木，树冠开展，株高 5~8 m。叶暗绿色，具光泽，深裂或浅裂，具锯齿。伞房花序，花密集，重瓣，红色。梨果。原种产欧洲。

7. 锐齿山楂

Crataegus macracantha

落叶乔木，树冠开展，株高 4~8 m。叶宽，暗绿色，具锐锯齿。伞房花序，单瓣花，白色。梨果，果实亮红色。产北美洲。

蔷薇科 Rosaceae

8. 单柱山楂 普通山楂
Crataegus monogyna

落叶乔木，株高 10 m。叶大，阔卵形，浅裂，暗绿色，幼叶背面有白毛。花大，伞房花序，簇生成头状，白色。梨果，果实圆球状，红色。产欧洲及亚洲。

9. 五蕊山楂 *Crataegus pentagyna*

落叶乔木，株高 3~5 m。叶椭圆形，深裂。伞房花序，花密集，花瓣白色。梨果，黑色。产欧洲。

10. 准噶尔山楂 *Crataegus songorica*

小乔木或灌木，株高达 4~5 m。叶片菱状卵形至宽卵形，先端急尖，基部楔形，稀宽楔形，通常具 2~3 对深裂片，或在先端分裂较浅。伞房花序具多花。果实球形，稀椭圆形。产中国新疆，俄罗斯、伊朗、阿富汗等地。

11. 梅叶山楂 *Crataegus prunifolia*

落叶乔木，株高 7~9 m。叶卵形至椭圆形，似梅叶，边缘具锯齿，绿色。伞房花序，花瓣 5 片，白色，花药紫色。浆果红色。产美洲。

12. 多浆山楂
Crataegus succulenta

灌木或小乔木，株高 4~
8 m。叶片椭圆形到宽菱形或椭
圆形，近革质，基部楔形。伞房
花序着花 15~30 朵，花白色。
梨果。产北美洲。

仙女木属，全属 10 种。

13. 仙女木 **Dryas octopetala**

常绿半灌木，根木质。茎丛
生，匍匐，株高 3~6 cm。叶亚
革质，椭圆形、宽椭圆形或近圆
形。花瓣倒卵形，白色，先端圆
形。瘦果。产吉林、新疆，日本、
朝鲜、俄罗斯等地有分布。

14. '大花' 卵萼仙女木
Dryas drummondii
'Grandiflora'

园艺品种。多年生常绿草
本，平卧，茎基部木质化，株高
5 cm。叶椭圆形，革质，暗绿色，
边缘具深锯齿。花黄白色，下垂。
瘦果。

路边青属，全属 35 种。

15. 保加利亚路边青
Geum bulgaricum

多年生草本，株高 30 cm。
羽状复叶，顶生小叶大，绿色。
花两性，花瓣 5 片，橙黄色。瘦
果。产保加利亚。

16. 红花路边青 *Geum coccineum*

多年生草本，丛生，株高 30 cm。羽状复叶，顶生小叶特大，绿色。茎细长，具分枝，被毛。花单瓣，橙红色，雄蕊明显，橙黄色。瘦果。产欧洲及亚洲。

17. 紫萼路边青 *Geum rivale*

多年生草本。茎直立，株高 25~70 cm。基生叶为大头羽状复叶，有小叶 2~4 对，小叶极不等，顶生小叶最大，浅裂，常呈菱状卵形。花序疏散，有花 2~4 朵，常下垂，花瓣黄色，有紫褐色条纹。瘦果。广布从北极到北半球温带，中国新疆有产。

18. 三花路边青 *Geum triflorum*

多年生草本，株高 10~45 cm。羽状复叶，上面绿色，背面淡绿色。花序有 1~7 朵花，花下垂，萼片紫色或绿色，花瓣乳黄色、粉红色或紫色。瘦果。产北美洲。

19a. '圣乔治堡' 路边青
***Geum* 'Georgenburg'**

园艺品种。多年生草本，株高 30 cm。羽状复叶，顶生小叶极大。花瓣 5 片，橙黄色。瘦果。

19b. '朱莉安娜公主' 路边青
***Geum* 'Prinses Juliana'**

苹果属，全属 62 种。

20. 山荆子 *malus baccata*

落叶乔木，株高达 10~14 m。叶片椭圆形或卵形，先端渐尖，稀尾状渐尖，基部楔形或圆形，边缘有细锐锯齿。伞形花序，具花 4~6 朵，花瓣白色。果实近球形，红色或黄色。产中国、蒙古、朝鲜及俄罗斯。

21. 陇东海棠 *malus kansuensis*

灌木至小乔木，株高 3~5 m；叶片卵形或宽卵形，先端急尖或渐尖，基部圆形或截形，边缘有细锐重锯齿，通常 3 浅裂。伞形总状花序，具花 4~10 朵，花瓣白色。果实椭圆形或倒卵形，黄红色。产中国。

22. 滇池海棠 *malus yunnanensis*

　　乔木，株高达 10 m；叶片卵形、宽卵形至长椭卵形，先端急尖，基部圆形至心形，边缘有尖锐重锯齿，通常上半部两侧各有 3~5 浅裂。伞形总状花序，具花 8~12 朵，花瓣白色。果实球形，红色。产中国及缅甸。

欧楂属，全属 3 种。

23. 欧楂 *mespilus germanica*

　　落叶灌木或小乔木，株高 3~6 m。叶片披针形至卵形，边缘具细齿，绿色。花瓣 5 片，白色，后转为淡红色。浆果。产欧洲。

绣线梅属，全属 15 种。

24. 西康绣线梅 *Neillia thibetica*

　　灌木，株高达 1~3 m。叶片卵形至长椭圆形，稀三角卵形。顶生总状花序有花 15~25 朵，花瓣倒卵形，先端圆钝，淡白粉色。蓇葖果。产中国四川、云南。

25. 中华石楠

Photinia beauverdiana

落叶灌木或小乔木，株高 3~10 m。叶片薄纸质，长圆形、倒卵状长圆形或卵状披针形。花多数，成复伞房花序，花瓣白色。果实卵形，紫红色。产中国。

风箱果属，全属 10 种。

26. '红衣女郎' 无毛风箱果

Physocarpus opulifolius 'Lady in Red'

园艺品种。落叶灌木，枝弓形，密生，株高 3 m。叶阔卵形，具锯齿，紫色。花序顶生，伞形花序，花小，淡粉色。蓇葖果。原种产美国。

委陵菜属，全属 325 种。

27a. '粉红佳人' 金露梅

Potentilla fruticosa 'Pink Beauty'

园艺品种。灌木，株高 0.5~ 2 m。羽状复叶，有小叶 2 对，稀 3 枚小叶。单花或数朵生于枝顶，花瓣淡粉红色。瘦果。原种产中国。

27b.'白雨'金露梅
Potentilla fruticosa
'White Rain'

28. 伏毛银露梅 *Potentilla fruticosa* var. *veitchii*

灌木，株高 0.3~2 m。叶为羽状复叶，有小叶 2 对，稀 3 枚小叶，小叶上面伏生白色绢毛，下面疏被白色绢毛或脱落几无毛。顶生单花或数朵，花梗较粗，密被白色绢状柔毛，被疏柔毛；花瓣白色，倒卵形，顶端圆钝。瘦果。产中国四川、云南。

29. 亮叶委陵菜　雪线委陵菜
Potentilla nitida

多年生草本，丛生，枝条浓密，株高 2.5~5 cm。羽状复叶，3 枚小叶，小叶圆形，顶端具齿。每花茎着生花 1~2 朵，花玫瑰粉红色。瘦果。产阿尔卑斯山。

李属，全属254种。

30.'狭叶'桂樱
Prunus laurocerasus
'Otto Luyken'

园艺品种。常绿灌木或小乔木，株高 1~1.5 m。叶互生，宽披针形，全缘，深绿色。总状花序，小花白色。核果。原种产欧亚大陆。

蔷薇科 Rosaceae

105

石斑木属，全属 6 种。

31. 厚叶石斑木

Rhaphiolepis umbellata

常绿灌木或小乔木，株高 2~4 m。叶片厚革质，长椭圆形、卵形或倒卵形，先端圆钝至稍锐尖，基部楔形，全缘或有疏生钝锯齿。花瓣白色。果实球形，黑紫色带白霜。产中国及日本。

蔷薇属，全属 366 种。

32. 阿肯色蔷薇 *Rosa arkansana*

小灌木，株高 0.6~1.2 m，枝条直立。小叶椭圆形，具深锯齿，绿色。花瓣 5 片，浅粉色至红色。果红色。产美国。

33. '攀缘'蔷薇

Rosa 'Climbing Cecile Brunner'

园艺品种。攀缘灌木，枝长可达 15 m。小叶 5~7 枚，椭圆形，绿色，边缘具锯齿。花大，重瓣，粉红色。

34. 腺果蔷薇

Rosa fedtschenkoana

小灌木，株高可达4m。小叶通常7枚，稀5枚或9枚，小叶片近圆形或卵形。花单生，有时1~2朵集生；花瓣白色，稀粉红色，宽倒卵形。瘦果。产中国新疆，中亚也有。

35. 黄蔷薇 *Rosa hugonis*

矮小灌木，株高约2.5m。小叶5~13枚，小叶片卵形、椭圆形或倒卵形，先端圆钝或急尖，边缘有锐锯齿。花单生于叶腋，花瓣黄色。果实扁球形，紫红色至黑褐色。产中国。

36. '肯顿·沃德'蔷薇

Rosa 'Kingdon Ward'

园艺品种。落叶灌木，株高可达2m。小叶5~7枚，椭圆形，边缘具锯齿，绿色。花单生，紫红色。

37. 努丹蔷薇 *Rosa nutkana*

落叶灌木，株高 0.4~2.5 m。小叶 5~7 枚，叶片卵形、椭圆形，少心形或圆形，基部楔形，具锯齿。伞房花序，花瓣粉红色至深玫瑰色。果红色。产北美洲。

38. 垂枝蔷薇 *Rosa pendulina*

落叶灌木，株高 0.5~2 m，枝条近无刺。羽状复叶，具锐锯齿，绿色。花深粉红色或粉红色而略带紫色，单瓣。瘦果，果红色。产欧洲。

39. 缫丝花 *Rosa roxburghii*

开展灌木，株高 1~2.5 m。小叶 9~15 枚，小叶片椭圆形或长圆形，稀倒卵形，先端急尖或圆钝，基部宽楔形，边缘有细锐锯齿。花单生或 2~3 朵，花瓣重瓣至半重瓣，淡红色或粉红色，微香。果扁球形。产中国及日本。

40. 玫瑰 *Rosa rugosa*

直立灌木，株高可达 2 m。小叶 5~9 枚，小叶片椭圆形或椭圆状倒卵形，边缘有尖锐锯齿。花单生于叶腋，或数朵簇生，花瓣倒卵形，重瓣至半重瓣，芳香，紫红色至白色。果扁球形，砖红色，肉质。产中国、日本及朝鲜。

41. 小叶蔷薇 *Rosa willmottiae*

灌木，株高 1~3 m。小叶 7~9 枚，稀 11 枚，小叶片椭圆形、倒卵形或近圆形。花单生，花瓣粉红色，倒卵形，先端微凹，基部楔形。果长圆形或近球形，橘红色。产中国四川、陕西、甘肃、青海、西藏等省区。

悬钩子属，全属 1 494 种。

42. '埃德里安娜' 黑莓
Rubus fruticosus 'Adrienne'

园艺品种。多年生草本，株高 1~2 m。羽状复叶，小叶 3 枚，椭圆形，边缘具深齿，绿色。花瓣 5 片，白色。聚合果。原种产欧洲。

43. 新墨西哥悬钩子
Rubus neomexicanus

落叶灌木，株高 1~3.5 m。
叶片心形至宽卵形，边缘浅裂，
绿色。花两性，花瓣 5 片，白色。
聚合果。产北美洲。

44. 美丽悬钩子 *Rubus spectabilis*

落叶直立灌木，株高近 2 m。
羽状复叶具 3 枚小叶，小叶卵形，
边缘具重锯齿，绿色。花瓣 5 片，
粉红色至紫色，单生。聚合果，
卵形。产北美洲。

地榆属，全属 26 种。

45. 孟席思地榆
Sanguisorba menziesii

多年生草本，株高 5~40 cm。
羽状复叶，小叶椭圆形，边缘具
粗锯齿。花两性，密集成穗状花
序，紫红色。瘦果。产北美洲。

46. 多蕊地榆 *Sanguisorba minor*

多年生草本，株高 40～90 cm。羽状复叶，小叶椭圆形，具重锯齿。花两性，密集成头状，花淡红色。瘦果。产欧洲、亚洲及非洲。

47. 大白花地榆

Sanguisorba stipulata

多年生草本。叶为羽状复叶，有小叶 4～6 对，椭圆形或卵状椭圆形，基部心形至深心形，稀微心形，顶端圆形，边缘有粗大缺刻状急尖锯齿。穗状花序直立，白色。产中国、俄罗斯、朝鲜、日本及北美洲。

鲜卑花属，全属 4 种。

48. 鲜卑花 *Sibiraea altaiensis*

灌木，株高约 1.5 m。叶在当年生枝条多互生，在老枝上丛生，叶片线状披针形、宽披针形或长圆倒披针形。顶生穗状圆锥花序，花瓣倒卵形，先端圆钝，白色。蓇葖果。产中国及俄罗斯。

花楸属，全属244种。

49. 水榆花楸 *Sorbus alnifolia*

乔木，株高达20 m。叶片卵形至椭圆卵形，先端短渐尖，基部宽楔形至圆形，边缘有不整齐的尖锐重锯齿，有时微浅裂。复伞房花序较疏松，具花6~25朵，花瓣白色。果实红色或黄色。产中国、朝鲜及日本。

50. 德文花楸 *Sorbus devoniensis*

落叶乔木，株高12 m。叶椭圆形，全缘，叶上面绿色，叶下具白毛。复伞房花序，小花白色。果橘红色。产欧洲。

51. 陕甘花楸 *Sorbus koehneana*

灌木或小乔木，株高达4 m。奇数羽状复叶，小叶片8~12对，长圆形至长圆披针形，先端圆钝或急尖，基部偏斜圆形，全部有锯齿或仅基部全缘。复伞房花序，具多数花朵，花瓣白色。果实白色。产中国。

52. 铺地花楸 *Sorbus reducta*

矮小灌木，株高15~60 cm。奇数羽状复叶，长圆椭圆形或长圆形。花序伞房状或复伞房状，有少数花朵，花瓣卵形或宽倒卵形，先端圆钝，稀微凹，白色。果实球形，白色。产中国云南及四川。

绣线菊属，全属138种。

53. 藏南绣线菊 *Spiraea bella*

落叶灌木，株高达2 m。叶片卵形，椭圆卵形至卵状披针形。复伞房花序顶生，多花；花趋向单性，雌雄异株，淡红色，稀白色，花瓣近圆形。蓇葖果。产中国、印度、不丹及尼泊尔。

54. 桦叶绣线菊 *Spiraea betulifolia*

灌木，茎直立，株高50~100 cm。叶椭圆形，先端钝或略尖，边缘具粗锯齿，绿色。伞形花序，小花繁密，白色。蓇葖果。产日本。

55. 毛花绣线菊 *Spiraea nervosa*

灌木，株高 2~3 m。叶片菱状卵形，先端急尖或圆钝，基部楔形，边缘自基部 1/3 以上有深刻锯齿或裂片。伞形花序具花 10~20 朵。花瓣宽倒卵形至近圆形，先端微凹，白色。蓇葖果。产中国。

56. 星草梅绣线菊　三叶绣线菊
Spiraea trifoliata

多年生草本，株高 1~1.2 m。叶绿色，披针形，边缘具锯齿。花序腋生，小花白色，花萼红褐色。蓇葖果。产美国及加拿大。

57. 鄂西绣线菊 *Spiraea veitchii*

灌木，株高达 4 m。叶片长圆形、椭圆形或倒卵形。复伞房花序着生在侧生小枝顶端，花小而密集，花瓣卵形或近圆形，先端圆钝。蓇葖果。产中国。

四二、桦木科 Betulaceae

落叶灌木或乔木。单叶互生，叶缘具重锯齿或单齿。花单性，雌雄同株，雄花序顶生或侧生，雌花序为球果状、穗状、总状或头状，直立或下垂。坚果。产北温带，中南美洲有少量分布。全科 6 属 234 种。

桦木属，全属 119 种。

1. 高加索桦 *Betula medwediewii*

落叶灌木，株高 4~5 m。单叶互生，卵形，边缘具锯齿，秋季转为浅黄色至黄色。花单性，雌雄同株，淡黄色。坚果。产高加索地区。

2. '深裂叶' 欧洲鹅耳枥 *Carpinus betulus* 'Incisa'

园艺品种。落叶乔木，株高 15~25 m。单叶互生，长圆形，羽状脉，边缘具重锯齿。花单性，雌雄同株，雄花无花被，雌花序下垂，苞鳞覆瓦状排列。坚果。原种产亚洲及欧洲。

3. 千金榆 *Carpinus cordata*

乔木，株高约 15 m。叶厚纸质，卵形或矩圆状卵形，较少倒卵形。果序无毛或疏被短柔毛。序轴密被短柔毛及稀疏的长柔毛。果苞宽卵状矩圆形，无毛，外侧的基部无裂片。小坚果。产中国、朝鲜、日本。

4. 兰邯千金榆 兰邯鹅耳枥
Carpinus rankanensis

乔木，叶厚纸质，矩圆形、卵状矩圆形、椭圆形。果苞覆瓦状排列，卵状矩圆形，外侧的基部无裂片，内侧的基部具内折的裂片。小坚果。产中国台湾省。

115

四三、秋海棠科 Begoniaceae

多年生肉质草本，稀亚灌木。单叶互生，偶为复叶，基部常偏斜。花单性，雌雄同株，偶异株，常组成聚伞花序。蒴果。产热带及亚热带地区。全科 2 属 1 601 种。

秋海棠属，全属 1 600 种。

1. 网脉秋海棠 *Begonia areolata*

多年生草本，茎直立，上具大量褐色刚毛。叶两侧不相等，轮廓卵圆形，具网状脉。花白色，花瓣背面具褐色刚毛。蒴果。产印度尼西亚。

2. 多叶秋海棠 *Begonia foliosa*

亚灌木，株高可达 1 m，茎肉质。小叶互生，多数，长椭圆形，边缘具尖锯齿。圆锥花序，小花白色。蒴果。产哥伦比亚及委内瑞拉。

3. 倒挂金钟秋海棠 *Begonia fuchsioides*

亚灌木，株高 60~75 cm。叶稠密，互生，长椭圆形，边缘具齿，绿色。聚伞花序悬垂，小花粉红色。蒴果。产南美洲。

四四、酢浆草科 Oxalidaceae

一年生或多年生草本，极少为灌木或乔木。指状或羽状复叶或小叶萎缩而成单叶，基生或茎生；花两性，辐射对称，单花或组成近伞形花序或伞房花序，少有总状花序或聚伞花序；花瓣5片，有时基部合生，旋转排列。蒴果或为肉质浆果。主产南美洲，次为非洲，亚洲极少。全科8属601种。

酢浆草属，全属504种。

1a. '艾奥尼海克'酢浆草
***Oxalis* 'Ione Hecker'**

园艺品种。多年生草本，株高10 cm。指状复叶，倒心形，灰绿色，全缘。单花，花瓣5片，旋转排列，淡粉红色，基部紫红色。

2. 九叶酢浆草
Oxalis enneaphylla

多年生草本，丛生，具根状茎，株高5~7 cm。指状复叶，灰绿色，裂成狭椭圆形至卵形小叶。花阔漏斗形，粉红色或白色。产巴塔哥尼亚和马尔维纳斯群岛。

1b. '碧翠丝·安德森'酢浆草 *Oxalis* 'Beatrice Anderson'

2a. 伊巴尔酢浆草 *Oxalis enneaphylla* subsp. *ibari*

2b. '谢菲尔德天鹅'
九叶酢浆草
***Oxalis enneaphylla*
'Sheffleld Swan'**

3. 木本酢浆草 *Oxalis insipida*

灌木，株高可达 1 m 以上。复叶，3 枚小叶，小叶椭圆形，全缘，绿色，总叶柄极长。花序顶生，小花黄色。蒴果。原产南美洲。

4. 毛蕊酢浆草 *Oxalis lasiandra*

多年生草本，株高 40 cm，茎上具稀疏长柔毛。指状复叶，小叶 7~9 枚，小叶先端钝圆，全缘，绿色。花粉红至深红色。蒴果。产墨西哥。

5. 俄勒冈酢浆草 *Oxalis oregana*

多年生草本，株高 5~15 cm。叶基生，小叶 3 枚，倒心形，绿色，全缘。花白色至粉色，花瓣 5 片。蒴果。产北美洲。

酢浆草科 Oxalidaceae

四五、杜英科 Elaeocarpaceae

常绿或半落叶木本。叶为单叶，互生或对生。花单生或排成总状或圆锥花序，两性或杂性；花瓣4~5片，镊合状或覆瓦状排列，有时不存在。果为核果或蒴果。分布于东西两半球的热带和亚热带地区，非洲未见。全科9属644种。

百合木属，全属4种。

1. 虎克百合木　红百合木
Crinodendron hookerianum

常绿灌木，枝坚硬。叶窄，长椭圆形，暗绿色，边缘具尖锐锯齿。花红色，灯笼状，悬垂于小枝上。产智利及阿根廷。

硬梨木属，全属2种。

2. 硬梨木　*Vallea stipularis*

常绿灌木，枝开张，株高2~5 m。叶披针形至圆形，上部绿色，下部灰白色。花小，杯状，粉红色。

四六、土瓶草科 Cephalotaceae

多年生草本，具地下茎，叶二型，基生叶卵圆形，春季长出，秋季瓶状叶长出，可用来捕食昆虫。花小，白色。产澳大利亚，生于沼泽地带。全科1属1种。

土瓶草属，全属1种。

土瓶草 *Cephalotus follicularis*

多年生草本，基生叶卵圆形，贴生于地面，绿色，具短绒毛，食虫叶瓶状，外面紫红色，内面淡绿色，瓶体棱上及盖口具长柔毛。花小，白色。产澳大利亚。

四七、大戟科 Euphorbiaceae

乔木、灌木或草本，稀为木质或草质藤本；叶互生，少有对生或轮生，单叶，稀为复叶。花单性，雌雄同株或异株，单花或组成各式花序，通常为聚伞或总状花序；花瓣有或无。蒴果。广布于全球，但主产热带和亚热带地区。全科 228 属 6 547 种。

大戟属，全属 2 046 种。

1. 常绿大戟

Euphorbia characias
subsp. ***wulfenii***

常绿灌木，直立，株高 1.5 m。叶条形，密生，灰绿色，簇生于二年生枝上。穗状花序，花黄绿色。蒴果。产巴尔干、欧洲及土耳其。

1a. '约翰汤姆森' 常绿大戟

Euphorbia characias
subsp. ***wulfenii***
'John Tomlinson'

2. 圆苞大戟 ***Euphorbia griffithii***

多年生草本，根状茎，常横走。叶互生，革质或薄革质，卵状长圆形至椭圆形，变化较大。总苞叶 3~7 枚，常呈淡红色或红黄色。苞叶 2 枚，常呈黄红色或红色。花序单生，雄花多数，雌花 1 朵。蒴果。产中国四川、云南和西藏。分布于喜马拉雅地区诸国。

3. 马丁尼大戟 *Euphorbia × martini*

杂交种。多年生草本。为扁桃大戟 *E. amygdaloides* 和狭叶大戟 *E. characias* 的杂交种，性状不稳定。株高达 1 m，叶簇生，条形，绿色。苞叶 2 枚，黄绿色。蒴果。

4. 密腺大戟 *Euphorbia mellifera*

多年生灌木，多茎干，株高近 2 m。叶绿色，披针形，中脉显著，略带白色，全缘。花小，浅绿色，簇生。蒴果。产马德拉群岛。

5. 大果大戟 *Euphorbia wallichii*

多年生草本。叶互生，椭圆形，长椭圆形或卵状披针形。总苞叶常 5 枚，少为 3~4 枚或 6~7 枚，次级总苞叶常 3 枚。花序单生二歧分枝顶端，基部无柄。总苞阔钟状，雄花多数，雌花 1 朵。蒴果。产中国四川、云南、西藏和青海。

四八、西番莲科 Passifloraceae

草质或木质藤本，稀为灌木或小乔木。单叶，稀为复叶，互生或近对生，全缘或分裂。聚伞花序腋生，有时退化仅存花 1~2 朵；花辐射对称，两性、单性，罕有杂性；花瓣 5 片，稀 3~8 片，罕有不存在；外副花冠与内副花冠形式多样，有时不存在。浆果或蒴果。主产世界热带和亚热带地区。全科 36 属 932 种。

西番莲属，全属 513 种。

1. '白花' 西番莲

Passiflora caerulea 'White'

园艺品种。草质藤本。叶纸质，基部心形，掌状 5 深裂。花大，白色，萼片 5 枚，花瓣 5 片，外副花冠裂片 3 轮，丝状，外轮与中轮裂片，均为白色。浆果。原种产南美洲。

2. 龙珠果 ***Passiflora foetida***

草质藤本，长数米。叶膜质，宽卵形至长圆状卵形，先端 3 浅裂，基部心形。聚伞花序退化仅存 1 朵花，花白色或淡紫色，具白斑，花瓣 5 片，外副花冠裂片 3~5 轮，丝状。浆果。原产西印度群岛。

3. 绢毛西番莲

Passiflora holosericea

蔓生草本，蔓长可达 3 m 或更长。叶轮廓为卵形，浅裂，绿色，全缘。聚伞花序，腋生，花瓣及萼片黄绿色，副花冠丝状，底部紫褐色，上部黄色。浆果。产墨西哥及委内瑞拉。

4. '玛格丽特女士' 西番莲
Passiflora 'Lady margaret'

园艺品种。蔓生草本。叶纸质，掌状 3 深裂，边缘有锯齿，绿色。花单生于叶腋，花瓣及萼片粉红色，副花冠丝状，上部紫色带白斑，下部白色。浆果。

5. 大果西番莲
Passiflora quadrangularis

粗壮草质藤本，长 10~15 m。叶膜质，宽卵形至近圆形，先端急尖，基部圆形。花序退化仅存 1 朵花。花大，淡红色，芳香。花瓣 5 片，淡红色，外副花冠裂片 5 轮，丝状，白色或紫色。浆果卵球形。原产热带美洲。

6. 香蕉百香果
Passiflora tarminiana

蔓性藤本。叶掌状 3 深裂，边缘有锯齿，绿色。花大，单生于叶腋，花粉红色，无副花冠。浆果。产南美洲。

四九、杨柳科 Salicaceae

乔木、灌木或垫状和匍匐灌木。单叶互生，稀对生和轮生。花单性或两性，雌雄异株或杂性同株，稀同序；单生、簇生、柔荑花序、总状花序、圆锥花序、聚伞花序，直立或下垂。蒴果或浆果。全世界广布。全科 54 属 1 269 种。

金柞属，全属 12 种。

1. 齿叶金柞 *Azara serrata*

常绿灌木，直立，株高 3 m。叶具光泽，长圆形，亮绿色，边缘具锯齿。花序球状，具芳香，金黄色。产智利。

柳属，全属 552 种。

2. 毛叶柳 *Salix lanata*

落叶灌木，丛生，冠密集，小枝粗壮，灰色，株高 5~70 cm。叶椭圆形，叶密布白色长绒毛。柔荑花序，黄绿色。蒴果。产欧洲。

3. 虾夷矮柳
Salix nakamurana
var. *yezoalpina*

落叶灌木，株高 20~30 cm。叶椭圆形，全缘，叶面密布长柔毛。柔荑花序，顶生，黄绿色。蒴果。产日本。

五〇、亚麻科 Linaceae

通常为草本，稀灌木。单叶，全缘，互生或对生。花序为聚伞花序、二歧聚伞花序或蝎尾状聚伞花序；花整齐，两性，4~5数；花瓣常早落，分离或基部合生。蒴果或核果。全世界广布，但主要分布于温带。全科16属213种。

亚麻属，全属141种。

那波奈亚麻

Linum narbonense

多年生草本，丛生，株高30~60 cm。叶披针形，灰绿色。蝎尾状聚伞花序，花近杯状，淡蓝色到深蓝色。蒴果。

五一、金丝桃科 Hypericaceae

乔木或灌木，稀草本。单叶，对生或轮生。聚伞或圆锥花序，也有单花。花两性，单性或杂性。花瓣离生。蒴果、浆果或核果。全科11属584种。

金丝桃属，全属458种。

1. 腺毛金丝桃

Hypericum adenotrichum

灌木，株高20~30 cm。叶椭圆形，密被绒毛，两两对生，排列整齐，绿色。花顶生，金黄色。产欧亚大陆。

2. 埃及金丝桃　密叶金丝桃

Hypericum aegypticum

常绿矮灌木，株高近1 m左右。叶排列紧密，狭长圆形，全缘，绿色。花单生，淡黄色。蒴果。产地中海地区。

125

3. 蔷薇金丝桃

Hypericum cerastioides

常绿亚灌木，株高 15~30 cm。叶卵形，先端圆钝或略尖，具长柄，轮生。圆锥花序，花浅杯状，亮黄色。蒴果。产巴尔干半岛。

4. 少花金丝桃

Hypericum empetrifolium subsp. *oliganthum*

常绿灌木，株高 50 cm，茎直立或匍匐。叶小，3 枚叶轮生，绿色。花扁平，头状，花小，亮黄色。蒴果。产克里特岛。

5. 奥林匹亚金丝桃

Hypericum olympicum

落叶亚灌木，直立，株高 15~30 cm。叶小，对生，卵形，灰绿色。花序顶生，开展，鲜黄色。蒴果。产希腊、巴尔干、保加利亚。

金丝桃科 Hypericaceae

五二、牻牛儿苗科 Geraniaceae

草本，稀为亚灌木或灌木。叶互生或对生，叶片通常掌状或羽状分裂。聚伞花序腋生或顶生，稀花单生；花两性，整齐，花瓣5片或稀为4片，覆瓦状排列。蒴果。广泛分布于温带、亚热带和热带山地。全科7属841种。

牻牛儿苗属，全属128种。

1. 黄花牻牛儿苗
Erodium chrysanthum

多年生草本，株高20~25 cm。茎稠密，银白色。叶细裂，状似蕨叶。聚伞花序，花杯状，硫黄色或乳黄色。蒴果。产希腊。

2. 科西嘉牻牛儿苗
Erodium corsicum

多年生草本，丛生，株形紧凑，株高8 cm。叶轮廓为卵圆形，灰绿色，叶缘波纹状。花扁平，粉红色，有暗紫色条纹。蒴果。产地中海地区。

2a. '白花'科西嘉牻牛儿苗
Erodium corsicum 'Album'

2b. '红花'科西嘉牻牛儿苗
Erodium corsicum 'Rubrum'

3. '娜达莎'牻牛儿苗
Erodium × kolbianum 'Natasha'

园艺品种。多年生草本，株高 20 cm。叶深裂，灰绿色。花浅碟状，淡粉色，其中 2 片花瓣具褐色斑，花瓣具或深或浅褐色脉纹。蒴果。

4. '罗莉亚'牻牛儿苗
Erodium × variabile 'Roriabile'

园艺品种。多年生草本，株高约 30 cm。叶卵圆形，边缘波纹状，具绒毛。花碟状，粉红色，具紫红色脉纹。蒴果。

5. 曼氏牻牛儿苗

Erodium manescavi

多年生草本，株高 45 cm。叶羽状分裂，蕨叶状，绿色。花序松散，花单瓣，深粉红色，上有暗色斑纹。蒴果。产欧洲。

6. 天竺葵状牻牛儿苗

Erodium pelargoniiflorum

多年生草本，株高 30 cm。叶卵圆形，基部近心形，边缘波状，叶有香气。花白色，其中 2 片花瓣有大块褐色斑。蒴果。产小亚细亚或西亚美尼亚。

7. 岩生牻牛儿苗

Erodium petraeum

多年生草本，株高 15~20 cm。叶卵形，灰白色，深裂。花浅碟状，单生，粉红色，具紫红色脉纹。蒴果。产地中海地区。

8. 斗篷状牻牛儿苗

Erodium reichardii

多年生草本，株高 2.5 cm。叶小，卵圆形，基部近心形，淡绿色。花浅碟状，单生，白色或粉红色，具较深脉纹。蒴果。产西班牙的马略卡岛及法国的科西嘉岛。

老鹳草属，全属 415 种。

9.'短茎'灰老鹳草
Geranium cinereum
'Subcaulescens'

园艺品种。多年生半常绿草本，茎短，株高 15 cm。叶莲座状，基生叶圆形，深裂，淡绿色或灰绿色。花碟状，深粉红色，具深紫色脉纹。原种产欧洲。

10.'白花克什米尔'克拉克老鹳草
Geranium clarkei
'Kashmir White'

园艺品种。多年生草本，铺地状，株高 45~60 cm。叶掌状深裂，绿色。花序松散，花杯状，白色，具淡紫粉红色脉。蒴果。原种产印度。

11.达尔马提亚老鹳草
Geranium dalmaticum

多年生草本，匍匐状，株形开展，株高 8~10 cm。叶轮廓为圆形，深裂，绿色。花近扁平，粉红色。蒴果。产欧洲。

12. 喜马拉雅老鹳草

大花老鹳草
Geranium himalayense

多年生草本，株高20~30 cm。叶基生和茎上对生，叶片5~7深裂近基部。总花梗腋生或顶生，长于叶，具2朵花或有时单生。花瓣紫红色，具深紫色脉纹。蒴果。分布于中国、印度、尼泊尔、巴基斯坦、阿富汗、伊朗和塔吉克斯坦。

12a. '格雷维提'喜马拉雅 老鹳草

Geranium himalayense 'Gravetye'

13. 大根老鹳草

Geranium macrorrhizum

多年生半常绿草本，铺地状，株高30~40 cm。叶圆形，深裂，具芳香。花紫红色。蒴果。产欧洲。

14. 马德拉老鹳草
Geranium maderense

多年生半常绿草本，丛生，基部木质。株高 1 m。叶掌形，裂片纤细，暗绿色。花大，浅杯状，花瓣上部浅紫红色，基部深紫色。产马德拉群岛。

15. 掌叶老鹳草
Geranium palmatum

多年生半常绿草本，丛生，基部木质化，株高可达 45 cm。叶掌状深裂，绿色。花浅杯状，粉红色。蒴果。产马德拉群岛。

16a. '铅色大花' 暗色老鹳草
Geranium phaeum
'Lividum majus'

园艺品种。多年生草本，丛生，株高 75 cm。叶淡绿色，深裂。花浅杯状，浅紫色。原种产欧洲。

16b. '萨莫博' 暗色老鹳草
Geranium phaeum
'Samobor'

17. 光茎老鹳草
Geranium psilostemon

多年生草本，丛生，株高 1.2 m。叶大，深裂。花杯状，单瓣，紫红色，花心近黑紫色。蒴果。产土耳其及高加索地区。

18. 肾叶老鹳草

Geranium renardii

多年生草本，丛生，枝密集，株高 30 cm。叶圆形，裂片肾形，灰绿色。花瓣白色，上有紫色条纹。蒴果。产高加索地区。

19. 血红老鹳草

Geranium sanguineum

多年生草本，枝开展，株高 25 cm。叶轮廓圆形，深裂，暗绿色。花杯状，深洋红色。蒴果。产欧洲及高加索。

20. 亚丁天竺葵

Pelargonium × adens

杂交种。多年生草本，株高 30 cm。叶圆形，边缘波状，绿色。聚伞花序，花洋红色。蒴果。

21. 酸洋葵

Pelargonium acetosum

多年生草本，株高50~60 cm，茎多汁液。叶肉质，绿色，边缘红色。花单瓣，深红色至粉红色，花瓣纤细。蒴果。产非洲南部。

22. 澳大利亚天竺葵 _Pelargonium australe_

多年生草本，株高50 cm。叶片圆形，边缘具浅齿，绿色。伞形花序，花白色，上具紫色脉纹，上2片花瓣中间具紫色斑点。蒴果。产澳大利亚。

23. 栎叶天竺葵

Pelargonium quercifolium

灌木，株高可达1 m。叶片呈栎叶状，叶脉中心往往紫褐色。花粉红色，上方2片花瓣具深色斑块及脉纹。蒴果。产非洲南部。

24a. '紫红天使之眼'天竺葵

Pelargonium
'Angeleyes Burgundy'

园艺品种。多年生草本，叶圆形，深裂，伞形花序，花紫红色。蒴果。

牻牛儿苗科 Geraniaceae

134

24b. '玫红樟脑味'天竺葵

Pelargonium
'Camphor Rose'

园艺品种。多年生草本，株高 50 cm。叶轮廓为圆形，掌状分裂，边缘波状，具齿。聚伞花序，花瓣 5 片，粉红色，上方 2 片花瓣具紫红色条纹。蒴果。

24c. '比特爵士'天竺葵 *Pelargonium* 'Lord Bute'

24d. '丰沙尔'天竺葵 *Pelargonium* 'Funchal'

24e. '琼莫尔夫'天竺葵 *Pelargonium* 'Joan morf'

24f. '卡里斯布鲁克'天竺葵
Pelargonium 'Carisbrooke'

牻牛儿苗科 Geraniaceae

135

25. 雷登斯天竺葵 *Pelargonium radens*

多年生常绿植物，株高可达 1.5 m。叶细裂成线形，绿色。花粉红色。蒴果。产非洲南部。

26. 刚毛天竺葵 *Pelargonium setulosum*

多年生草本，株高可达 1 m。叶圆形，边缘波状。花粉红色，上方 2 片花瓣具深紫斑。蒴果。

27. 方茎洋葵

Pelargonium tetragonum

多年生植物，株高可达 2 m，茎肉质，方形。叶圆形，边缘浅波状，幼叶具长绒毛，老叶渐脱落。聚伞花序，花粉红色，具深色脉纹。蒴果。产南非。

龙骨葵属，全属 15 种。

28. 龙骨扇

Sarcocaulon vanderietiae

灌木，株高 30 cm，茎肉质，具刺。叶倒心形，先端凹，基部渐狭，绿色。花白色至浅粉色。蒴果。产非洲。

五三、蜜花科 Melianthaceae

多年生草本、灌木或小乔木。叶互生，单叶或奇数羽状复叶，全缘，有锯齿或浅裂。总状花序，花两性，花瓣 4 片或 5 片。蒴果。产南非热带及智利。全科 4 属 20 种。

蜜花属，全属 6 种。

多毛蜜花 *melianthus comosus*

常绿灌木，多分枝，株高可达 1.5 m。奇数羽状复叶，边缘具粗齿，上面绿色，下面灰绿色。萼片绿色。小花红色，蒴果。产非洲。

五四、使君子科 Combretaceae

乔木、灌木或木质藤本。单叶对生或互生，极少轮生。花通常两性，由多花组成头状花序、穗状花序、总状花序或圆锥花序。坚果、核果或翅果。产热带及亚热带。全科 17 属 480 种。

风车子属，全属 289 种。

1. 巴拉瓜里风车子
Combretum paraguariense

攀缘藤本，叶对生，椭圆形，先端尖，基部楔形，全缘。穗状花序，花两性，小花红色。假核果。产中南美洲。

使君子属，全属 12 种。

2. 玉叶金花状使君子
Quisqualis falcata
var. *mussaendiflora*

木质藤本。叶膜质，全缘，对生，椭圆形，叶脉明显。顶生穗状花序；花瓣 5 片，淡黄色，花萼红色；苞片叶状及丝状，红色，状似玉叶金花苞片。果革质，具棱。产刚果。

五五、千屈菜科 Lythraceae

草本、灌木或乔木；叶对生，稀轮生或互生，全缘。花两性，通常辐射对称，稀左右对称，单生或簇生，或组成顶生或腋生的穗状花序、总状花序或圆锥花序；花瓣与萼裂片同数或无花瓣。蒴果。广布于全世界，但主要分布于热带和亚热带地区。全科 31 属 604 种。

萼距花属，全属 280 种。

1. 堇色萼距花 *Cuphea cyanea*

常绿亚灌木，株高 60 cm。叶窄卵形，先端尖，基部近平截全缘，绿色。花管状，橙色、黄色和紫蓝色。蒴果。

2. 火红萼距花
Cuphea platycentra

常绿亚灌木，丛生，株高 30~70 cm。叶薄革质，披针形或卵状披针形。花单生于叶柄之间或近腋生，组成少花的总状花序，花管状，红色，花口部具暗色带和白环。蒴果。产墨西哥。

五六、柳叶菜科 Onagraceae

一年生或多年生草本，有时为半灌木或灌木，稀为小乔木，有的为水生草本。叶互生或对生；花两性，稀单性，单生于叶腋或排成顶生的穗状花序、总状花序或圆锥花序。花通常4数，稀2或5数；花瓣（0~2~）4片或5片。蒴果，有时为浆果或坚果。广泛分布于全世界温带与热带地区。全科45属832种。

倒挂金钟属，全属113种。

1. 粗茎倒挂金钟 小木倒挂金钟
Fuchsia arborescens

常绿直立乔木，株高可达8 m。叶椭圆形，全缘，对生，绿色至暗绿色。花序直立，花小，淡紫红色至粉红色。浆果，果实黑色，被灰蓝色粉霜。产墨西哥。

2. 大红倒挂金钟
玻利维亚倒挂金钟
Fuchsia boliviana

落叶直立灌木，株高3 m。叶片大，柔软，灰绿色，中脉淡红色，全缘。花筒细长，花鲜红色，簇生于枝顶，下垂。浆果，果实黑色。产阿根廷至秘鲁。

2a. '白萼' 大红倒挂金钟
Fuchsia boliviana 'Alba'

3. 短筒倒挂金钟

Fuchsia magellanica

　　落叶直立灌木，株高 3 m。单叶，椭圆形，边缘具锯齿，绿色。花小，筒部长，红色，萼片红色，花瓣紫红色。浆果，黑色。产南美洲。

4. 匍枝金钟

Fuchsia procumbens

　　落叶平卧灌木，株高 10 cm。叶小，深绿色，卵圆形，全缘。花微小，直立，无花瓣，筒部黄色，萼片紫红色，花蕊粉蓝色。浆果，果大，红色。产新西兰。

5. 百里香叶倒挂金钟

Fuchsia thymifolia

　　落叶松散状灌木，株高 0.6~1 m。叶淡绿色，椭圆形，边缘具疏刺。花小，初开时绿白色，后转为紫粉红色。浆果。产墨西哥及危地马拉。

6a. '魔仆' 倒挂金钟

Fuchsia 'Genii'

　　园艺品种。落叶直立灌木，株高 1.5 m。叶椭圆形，边缘具疏刺，黄绿色。花小，筒部和萼片鲜红色，花瓣红色至紫红色。浆果。

6b. '洛蒂'倒挂金钟 *Fuchsia* 'Lottie Hobby'

6c. '喜神'倒挂金钟 *Fuchsia* 'Thalia'

五七、桃金娘科 Myrtaceae

乔木或灌木。单叶对生或互生，具羽状脉或基出脉。花两性，有时杂性，单生或排成各式花序；花瓣4~5片，有时不存在。蒴果、浆果、核果或坚果。主要分布于美洲热带、大洋洲及亚洲热带。全科145属5 970种。

红千层属，全属37种。

1. 柳叶红千层

Callistemon salignus

小乔木，株高4.5~9 m。嫩叶亮粉红色，长卵形，被绒毛，全缘。花乳白色，状似瓶刷。蒴果。产澳大利亚。

网刷树属，全属43种。

2. 四裂网刷树

Calothamnus quadrifidus

直立灌木，株高2.4 m。叶扁平，针形，绿色，上具长绒毛。穗状花序，花亮红色。蒴果。产澳大利亚。

桉属，全属2种。

3. 浆果桉 *Eucalyptus coccifera*

常绿乔木，树皮蓝灰色或白色，剥落，株高可达20 m。叶灰绿色，长卵形，先端尖，全缘，芳香。伞形花序，花白色。产澳大利亚的塔斯马尼亚。

鱼柳梅属，全属87种。

4. 岩生鱼柳梅

Leptospermum rupestre

常绿灌木，半平卧，枝拱形，小枝淡红色，株高40~60 cm。叶小，暗绿色，冬季变为铜紫色。花小，杯状，开张，白色，花蕾红色。蒴果。产澳大利亚的塔斯马尼亚。

白千层属，全属265种。

5. 椭圆叶白千层 *melaleuca elliptica*

常绿灌木株高近3 m。叶小，椭圆形，革质，常灰绿色。穗状花序，顶生，花密集，红色雄蕊组成刷子状。蒴果。产澳大利亚。

桃金娘科 Myrtaceae

五八、漆树科 Anacardiaceae

乔木或灌木，稀为木质藤本或亚灌木草本。叶互生，稀对生，单叶，掌状三出小叶或奇数羽状复叶。花小，排列成顶生或腋生的圆锥花序；花瓣 3~5 片，分离或基部合生。果多为核果，有的花后花托肉质膨大呈棒状或梨形的假果。产全球热带、亚热带，少数延伸到北温带。全科 77 属 701 种。

黄栌属，全属 8 种。

杂交黄栌

Cotinus coggygria × obovatus

杂交种。落叶小乔木，株高 12 m。单叶互生，椭圆形，近全缘，古铜色。聚伞圆锥花序顶生，花小，花瓣 5 片，淡黄色。核果。

五九、无患子科 Sapindaceae

乔木或灌木，有时为草质或木质藤本。羽状复叶或掌状复叶，很少单叶，互生。聚伞圆锥花序顶生或腋生；花通常小，单性，很少杂性或两性；花瓣 4 片或 5 片，很少 6 片，有时无花瓣。蒴果。分布于全世界的热带和亚热带，温带很少。全科 138 属 1 751 种。

槭属，全属 164 种。

1. 花楷槭

Acer caudatum
subsp. ukurunduense

落叶乔木，通常高 8~10 m。叶膜质或纸质，基部截形或近于心脏形，外貌近于圆形。花黄绿色，单性，雌雄异株，常成有短柔毛的直立的顶生总状圆锥花序，花瓣 5 片，白色微现淡黄色。坚果。产中国东北，俄罗斯、朝鲜和日本也有。

2. 毛花槭 *Acer erianthum*

落叶乔木，株高 8~10 m。叶纸质，基部近于圆形或截形，稀心脏形，常 5 裂，稀 7 裂。花单性，同株，多数成直立而被柔毛或无毛的圆锥花序，花瓣 5 片或 4 片，白色微带淡黄色，倒卵形。坚果。产中国。

3. 鞑靼槭 *Acer tataricum*

灌木或乔木，株高 3~5 m，很少超过 15 m。叶近圆形，卵形或椭圆状长圆形，浅裂或深裂，边缘具锯齿。伞房花序，花数朵，花瓣 5 片，白色或带绿色。坚果。产亚洲及欧洲。

4. 毡毛枫 *Acer velutinum*

落叶乔木，株高 20 m。叶大，卵圆形，常 3 裂，暗绿色，背面具浅褐色绒毛。伞房花序，淡绿色。坚果。产高加索。

七叶树属，全属 23 种。

5. '普罗提' 红花七叶树
Aesculus × carnea 'Briotii'

园艺品种。落叶乔木，株高达 10~15 m，树冠圆形。掌状复叶，小叶 5~7 枚，无柄，有锯齿。圆锥花序长达 25 cm，花深红色。果近球形，蒴果。

6. 长柄七叶树
Aesculus assamica

落叶乔木，常高达十余米。掌状复叶，小叶 6~9 枚，近于革质，长圆披针形，先端锐尖，基部阔楔形。花序顶生，基部的小花序有 5~6 朵花。花杂性，花瓣 4 片，白色有紫褐色斑块。蒴果。产中国、越南、泰国、缅甸、不丹、孟加拉国和印度。

7. '达里莫' 七叶树
Aesculus 'Dallimorei'

嫁接嵌合体。落叶乔木。小叶 5 枚，长圆状倒卵形，叶暗绿色，叶背具绒毛。花序顶生，花白色至浅黄色，具栗色斑点。

8. 黄花七叶树 **Aesculus flava**

落叶乔木，株高 15 m。复叶，小叶 5~7 枚，卵形，具光泽，暗绿色，秋季变为红色。花黄色。蒴果，圆形。产美国。

9. 大花七叶树
Aesculus × hybrida

园艺杂交种。落叶乔木。掌状复叶，小叶 5 枚，长倒卵形，绿色，边缘具锯齿。圆锥花序顶生，花较大，花淡红色。蒴果。

10. 欧洲七叶树
Aesculus hippocastanum

落叶乔木，通常高达 25~30 m。掌状复叶对生，有 5~7 枚小叶。圆锥花序顶生，花较大，花瓣 4 片或 5 片，白色，有红色斑纹，爪初系黄色，后变棕色，外侧有稀疏的短柔毛。蒴果。原产阿尔巴尼亚和希腊。

11. 印度七叶树 *Aesculus indica*

落叶乔木，株高 20 m。掌状复叶，小叶常 7 枚，光滑，窄卵形，绿色，幼叶青铜色，秋叶橙色或黄色。圆锥花序，花瓣 4 片，白色至淡粉红色，具红色或黄色斑点。产喜马拉雅山地区。

12. 北美红花七叶树 小七叶树 *Aesculus pavia*

落叶乔木，有时呈灌木状，株高 5 m。掌状复叶，小叶 3~5 枚，窄卵形，光滑，暗绿色。圆锥花序，花瓣 4 片，红色。蒴果。产北美洲。

六〇、芸香科 Rutaceae

常绿或落叶乔木，灌木或草本，稀攀缘性灌木。通常有油点。叶互生或对生。单叶或复叶。花两性或单性，稀杂性同株，辐射对称，很少两侧对称；聚伞花序，稀总状或穗状花序，更少单花，甚或叶上生花；花瓣4片或5片，很少2~3片。蓇葖果、蒴果、翅果、核果或浆果。全世界分布，主产热带和亚热带，少数分布至温带。全科158属1730种。

墨西哥橘属，全属5种。

1. 墨西哥橘 Choisya ternata

常绿灌木，株高2.5 m。羽状复叶3枚小叶，小叶椭圆形，具光泽，亮绿色，具芳香。花瓣5片，白色，芳香。产美国南部及墨西哥。

1a. '太阳之舞' 墨西哥橘
Choisya ternata 'Sundance'

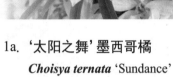

1b. '阿兹台克·珍珠' 墨西哥橘
Choisya ternata 'Aztec Pearl'

白鲜属，全属 1 种。

2. 白鲜 *Dictamnus dasycarpus*

多年生宿根草本，茎基部木质化，株高 40~100 cm。叶具小叶 9~13 枚，小叶对生。总状花序。花瓣白带淡紫红色或粉红带深紫红色脉纹，倒披针形。蓇葖果。产中国、朝鲜、蒙古、俄罗斯。

2a. '紫红' 白鲜

Dictamnus dasycarpus 'Purpureus'

六一、苦木科 Simaroubaceae

落叶或常绿乔木或灌木；叶互生，有时对生，通常成羽状复叶，少数单叶。花序腋生，成总状、圆锥状或聚伞花序，很少为穗状花序；花小，辐射对称，单性、杂性或两性；花瓣3~5片，分离。翅果、核果或蒴果。主产热带和亚热带地区。全科19属121种。

红雀椿属，全属36种。

红雀椿 *Quassia amara*

小乔木，株高2~6 m。羽状复叶，小叶椭圆形，全缘。总状花序，小花镊合状排列，红色。核果。产南美洲。

六二、锦葵科 Malvaceae

草本、灌木至乔木。叶互生、对生。花腋生或顶生，单生、簇生、聚伞花序、总状花序、伞房花序、圆锥花序；花两性或单性，花瓣5数，有时4数，或无花瓣，分离或多少连生。蒴果、核果、裂果少浆果状或翅果状。分布于热带至温带。全科245属4 465种。

苘麻属，全属216种。

1a. '辛西娅·匹克'苘麻
Abutilon 'Cynthia Pike'

园艺品种。蔓生灌木，株高可达2.5 m。叶互生，长卵形，先端尖，基部心形。花腋生，花萼及花冠钟状，花萼红色，花冠黄色。蒴果。

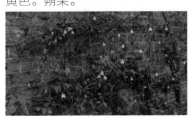

1b. '金珠'苘麻 *Abutilon* 'Golden Drop'

1c. '斑叶鲑色'苘麻
Abutilon
'Salmon Variegated'

2. '橙花'红萼苘麻 *Abutilon megapotamicum* 'Orange hot Lava'

园艺品种。常绿蔓性灌木，枝条细长柔垂，多分枝。叶互生，心形，叶端尖，叶缘有钝锯齿，有时分裂。花腋生，具长梗，下垂。花冠状如风铃，花瓣5片，橙色。原种产巴西、乌拉圭、阿根廷。

3. '堇色'大花风铃花
Abutilon × *suntense* 'Violetta'

园艺品种。落叶直立灌木，枝弓形，株高3m。叶卵形，浅裂，有锯齿，暗绿色。花多而大，碗状，深紫罗兰色。蒴果。

合柱棉属，全属5种。

4. '圣克鲁斯'合柱棉

Alyogyne huegelii
'Santa Cruz'

园艺品种。蔓性灌木，冠开展，长可达4 m。叶浅绿，被绒毛，深裂。花大，堇紫色。蒴果。原种产澳大利亚。

绵绒树属，全属2种。

6. '加州之光'绵绒树

Fremontodendron
'California Glory'

园艺品种。常绿或半常绿直立灌木，株高可达6 m。叶圆形，有分裂，暗绿色。花大，亮黄色。蒴果。

木槿属，全属241种。

7. 夏威夷木槿 *Hibiscus clayi*

常绿灌木或小乔木，株高一般40~90 cm，也可达5 m以上。叶椭圆形，边缘具疏齿，绿色。花单生，红色。蒴果。产夏威夷。

冠葵属，全属26种。

5. 粉绿叶冠葵

Cristaria glaucophylla

常绿灌木。叶轮廓椭圆形，深裂，上具白色绒毛，灰绿色。花堇紫色。蒴果。产智利。

151

8. 干花槿 *Pavonia strictiflora*

多年生常绿灌木，株高可达 2 m。叶大，椭圆形，边缘具齿，绿色。老茎生花，花粉红色。蒴果。产巴西。

9. 茶藨叶球葵

Sphaeralcea grossulariifolia

多年生草本，株高 1 m。叶轮廓卵圆形，深裂，灰绿色，状似茶藨叶。花集生茎顶，花浅杯状，橙红色。产美国。

六三、瑞香科 Thymelaeaceae

落叶或常绿灌木或小乔木，稀草本。单叶互生或对生，革质或纸质，稀草质，边缘全缘。花辐射对称，两性或单性，雌雄同株或异株，头状、穗状、总状、圆锥或伞形花序，有时单生或簇生，顶生或腋生；花萼通常为花冠状，裂片 4~5 枚，花瓣缺，或鳞片状。浆果、核果或坚果，稀为蒴果。广布于南北两半球的热带和温带地区。全科 54 属 938 种。

瑞香属，全属 92 种。

1. 斯洛伐克瑞香 *Daphne arbuscula*

常绿灌木，匍匐状，株高 10~15 cm。叶狭长，革质，暗绿色，簇生于枝端，全缘。花管状，顶端簇生，芳香，深粉红色。浆果。产斯洛伐克。

瑞香科 Thymelaeaceae

152

2. 橙花瑞香 *Daphne aurantiaca*

矮小灌木，株高 0.6~1.2 m。叶小，对生或近于对生，常密集簇生于枝顶，纸质或近革质，倒卵形或卵形或椭圆形。花橙黄色，芳香，2~5 朵簇生于枝顶或部分腋生。果实球形。产中国四川、云南。

3. 欧洲瑞香 *Daphne cneorum*

常绿灌木，匍匐，枝蔓性，株高 20~30 cm。叶小，革质，长椭圆形，绿色，全缘。花簇生，深玫瑰红色，有香味。浆果。产欧洲。

4. 川西瑞香 *Daphne gemmata*

落叶灌木，株高 0.3~1 m。叶互生，纸质或膜质，倒卵状披针形或倒卵形。花黄色，常 5~6 朵组成短穗状花序，有时多花，顶生。果实椭圆形。产中国四川。

5. 血果瑞香

Daphne pontica

subsp. *haematocarpa*

常绿灌木，株高 1.5 m。叶深绿色，革质，有光泽，全缘。花序腋生，浅绿色，花瓣反卷。浆果。产巴尔干半岛和亚洲西部。

6. 绢毛瑞香 *Daphne sericea*

常绿灌木，小枝繁茂，株高 75 cm。嫩枝及叶背具毛，叶椭圆形，表面亮绿色，有光泽。聚伞花序，花大，浓香，深玫瑰粉色，少白色。浆果。产地中海。

154

稻瑞香属，全属 130 种。

7. 平卧稻瑞香 *Pimelea prostrata*

常绿匍匐灌木，株高 15 cm。叶小，蓝灰色，椭圆形，沿细长枝条排成 4 列，全缘。花小，白色。浆果小，白色。产新西兰。

六四、半日花科 Cistaceae

草本、灌木或半灌木。单叶，通常对生，稀互生。花两性，单生，或排成总状花序及圆锥花序，花瓣5片，稀3片。蒴果。主产地中海地区，北美洲也有，中国仅产1种。全科有9属201种。

岩蔷薇属，全属52种。

1. 白毛叶岩蔷薇 *Cistus albidus*

常绿灌木，丛生，株高约1 m。叶对生，长椭圆形，具白色绒毛。花瓣5片，浅碟状，淡玫瑰粉色，花瓣皱褶，花瓣底部有黄色斑点。蒴果。产欧洲。

2. 克里特岩蔷薇　玫红岩蔷薇
Cistus creticus

常绿灌木，丛生，株高0.8 m。叶对生，椭圆形，灰绿色。花粉红色至淡紫色，花蕊金黄色。蒴果。产欧洲。

3. '斜卧'丹氏岩蔷薇
Cistus × dansereaui 'Decumbens'

园艺品种。常绿灌木。丛生，株高 1 m。叶对生，窄，长椭圆形，绿色。花浅碟状，白色，中心有深紫红色斑点。

4. '格雷斯伍德粉花'岩蔷薇
Cistus 'Grayswood Pink'

园艺品种。常绿灌木，株高 50~70 cm。叶对生，椭圆形，上具白色柔毛，全缘，灰绿色。花瓣 5 片，淡粉色，基部色泽较浅。蒴果。

5. 灰白岩蔷薇 *Cistus incanus*

常绿灌木。叶对生，椭圆形，上具白色柔毛，全缘。花深粉红色，基部近黄色，花蕊金黄色，花瓣 5 片，萼片密被白色柔毛。产欧洲。

6. 白杨叶岩蔷薇 *Cistus populifolius*

常绿灌木。叶对生，叶大白杨叶状，边缘皱，呈波状，绿色。花瓣 5 片，白色，基部黄色。蒴果。产欧洲。

7. 紫花岩蔷薇

Cistus × purpureus

常绿灌木，丛生，树冠圆球形，株高1m。叶窄披针形，灰绿色，全缘。花浅碟状，深紫色至粉色，花瓣基部有深紫红色斑点。杂交种。

海蔷薇属，全属13种。

8. 毛花海蔷薇 ***Halimium lasianthum***

常绿灌木，丛生，株高1m。叶卵形，灰绿色，全缘。花浅碟状，金黄色，基部具紫红色的斑点。蒴果。产葡萄牙和西班牙。

半日花属，全属73种。

9. 开纳半日花

Helianthemum canum

半灌木，全株被白色短绒毛。叶椭圆形，全缘；无托叶。花瓣5片，黄色。蒴果。产欧洲及亚洲。

半日花科 Cistaceae

157

10. 橙黄半日花

Helianthemum croceum

灌木，株高 20 cm。叶椭圆形，对生，全株被稀疏短绒毛。花瓣 5 片，黄色，基部有橙色斑。蒴果。产地中海。

11a. '火龙'半日花

***Helianthemum* 'Fire Dragon'**

园艺品种。常绿灌木，株高 20~30 cm。叶线形，灰绿色。花碟形，猩红色。蒴果。

11b. '威斯利淡黄'半日花

***Helianthemum* 'Wisley Primrose'**

12. 狭叶半日花

Helianthemum leptophyllum

灌木，全株被疏毛。叶椭圆形，对生。花瓣 5 片，上部浅橙红色，下部红色。蒴果。产西班牙、意大利。

13. 利比半日花

Helianthemum lippii

灌木，多分枝，株高 60 cm。
叶倒卵披针形或椭圆形至披针
形，具白色短柔毛。花小，花瓣
黄色。蒴果。产意大利、非洲、
巴勒斯坦、叙利亚、伊拉克、阿
拉伯、伊朗及巴基斯坦。

六五、旱金莲科 Tropaeolaceae

一年生或多年生肉质草本，多浆汁。叶互生，盾状，全缘或分裂。
花两性，不整齐，有一长距；花萼5枚，二唇状；花瓣5片或少于5片，
覆瓦状排列。瘦果。主产南美洲热带地区。全科2属89种。

旱金莲属，全属 88 种。

1. 多叶旱金莲

Tropaeolum polyphyllum

多年生草本，茎平卧，株平
卧高 5~8 cm。叶互生，盾状，
分裂至基部，灰绿色。花单生于
叶腋，有距，喇叭状，浓黄色。
瘦果。产南美洲。

2. 三色旱金莲

Tropaeolum tricolor

蔓性草本，具块茎，蔓长可
达 1 m。叶互生，5~7 裂，绿色。
花小，橙色或黄色，花瓣先端黑
色，花萼红橙色。瘦果。产智利。

六六、木樨草科 Reseddaceae

一年生或多年生草本，少为木本。叶通常互生，单叶，不分裂、分裂或羽状分裂。花通常为两侧对称，两性，少为单性，排列成顶生的总状或穗状花序；花瓣通常 4~7 片，或不存在。蒴果或浆果。主要产地中海区域；欧洲其他地区至亚洲西部、中国、印度、非洲、美洲北部亦有分布。全科 7 属 51 种。

木樨草属，全属 31 种。

1. 黄木樨草 *Reseda lutea*

一年生或多年生草本，株高 30~75 cm。叶纸质，3~5 深裂或羽状分裂，裂片带形或线形，边缘常呈波状。花黄色或黄绿色，排列成顶生的总状花序。花瓣通常 6 片。蒴果。产欧洲、亚洲西部、非洲北部。

2. 淡黄木樨草 *Reseda luteola*

一年或二年生草本，株高 20~150 cm。茎直立，单一或分枝。叶长圆状，全缘。总状花序，花瓣 4 片，黄色。蒴果。产欧洲及亚洲。

六七、十字花科 Brassicaceae

一二年生或多年生草本，少数呈亚灌木状。叶二型，基生叶呈旋叠状或莲座状；茎生叶通常互生，单叶或羽状复叶；花整齐，两性，少有退化成单性的；花多数，聚集成一总状花序，顶生或腋生，偶有单生的。花瓣4片，成十字形排列。角果。主产北温带，尤以地中海区域分布较多。全科372属4 060种。

岩芥菜属，全属56种。

1. 科奇岩芥菜

Aethionema kotschyi

多年生草本，植物匍匐，株高10~30 cm。具基生叶，茎生叶密生于茎上，小叶狭长，灰绿色。总状花序顶生，密集，小花粉红色。产亚洲西部。

2. 亚美尼亚岩芥菜

Aethionema pseudarmenum

多年生草本，株高30 cm。具基生叶，茎生叶小，稀疏，灰绿色，全缘。总状花序，小花粉色。角果。产小亚细亚、土耳其及亚美尼亚。

3. 斯特里庭荠 *Alyssum stribrnyi*

多年生亚灌木，株高 10~25 cm，植株被星状毛。叶匙形，灰绿色，全缘。总状花序，小花金黄色。角果。产罗马尼亚、保加利亚、塞尔维亚、马其顿、希腊、土耳其等地。

4. '亮红' 匙叶南庭荠

Aubrieta deltoidea
'Rosea Splendens'

园艺品种。多年生草本，株高 20~30 cm。叶椭圆形至匙形，边缘浅裂，具尖齿。总状花序，小花玫红色。角果。原种产欧洲东南部。

十字花科 Brassicaceae

5. 纤细南庭荠 *Aubrieta gracilis*

丛生匍匐草本。叶披针形至倒卵形，全缘或具 1~3 对齿，具星状毛。总状花序顶生，花瓣淡紫色。角果。产保加利亚等地。

6a. '紫帝王'南庭荠
Aubrieta 'Purple Emperor'

园艺品种。多年生草本。叶卵圆形，有的具浅裂，绿色，被绒毛。总状花序，小花紫色。角果。

6b. '蓝冰'南庭荠
Aubrieta 'Glacier Blue'

金庭荠属，全属 10 种。

7. 岩生庭荠 *Aurinia saxatilis*

多年生常绿草本，株高 10~30 cm。叶椭圆形，上有白色绒毛，全缘。总状花序，金黄色。角果。产欧洲中部及东南部。

8.土耳其葶苈 *Draba heterocoma*

多年生半灌木，丛生，株高
40~60 cm。叶小，基生叶莲座状，
茎生叶匙形，无柄，全缘。总状
花序顶生，小花金黄色。角果。
产希腊及土耳其。

9. '淡紫鲍尔斯' 糖芥

Erysimum 'Bowles mauve'

园艺品种。多年生草本，株
高20~40 cm。单叶，全缘，条形，
具短柄。总状花序具多数花，呈
伞房状；花淡紫色。花瓣 4 片。
长角果。

10.常绿屈曲花 *Iberis sempervirens*

常绿亚灌木，株高 15~
30 cm。叶狭窄，椭圆形，暗绿色。
花白色，集生成密集的圆形头状。
角果。产伊比利亚半岛。

11. '红查德' 银扇草 *Lunaria annua* 'Chedglow'

园艺品种。二年生草本，茎直立，株高可达 90 cm。叶尖卵形，先端尖，基部心形，边缘有重锯齿。花小，有香味，具花瓣 4 片，粉红色。角果。

12.宿根银扇草 *Lunaria rediviva*

宿根草本，株高可达 1 m。叶大，卵圆形，先端尖，基部心形，边缘具锯齿。花淡粉色。角果。产欧洲。

六八、白花丹科 Plumbaginaceae

小灌木、半灌木或多年生（罕一年生）草本，直立、上升或垫状，有时上端蔓状而攀缘。单叶，互生或基生，全缘，偶为羽状浅裂或羽状缺刻。花两性，整齐，鲜艳，通常（1～）2~5 朵集为一簇状小聚伞花序；花冠由 5 片花瓣或多或少联合而成。蒴果。全球广布。全科 24 属 635 种。

彩花属，全属 295 种。

1. 刺彩花 *Acantholimon echinus*

多年生常绿亚灌木状，株高 30~50 cm。叶坚硬，线形，先端具尖刺，灰绿色，在上部簇生。穗状花序，花粉红色。蒴果。产小亚细亚。

2. 颖状彩花

Acantholimon glumaceum

多年生常绿草本，垫状，株高 15~30(~50)cm。叶坚硬，有刺，暗绿色。穗状花序短，具花5~10 朵，花小，星状，粉红色或紫色。蒴果。产高加索及伊朗。

海石竹属，全属 95 种。

3a. '杜塞尔夫' 海石竹

Armeria maritima
'Dusseldorfer Stolz'

园艺品种。多年生常绿草本，丛生或低矮，株高 10 cm。叶窄，禾叶状，暗绿色，花序球状，花小，粉红色。原种产欧亚大陆及美洲。

3b. '罗裙' 海石竹 *Armeria maritima* 'Laucheana'

白花丹科 Plumbaginaceae

4a. '红芭蕾' 宽叶海石竹 *Armeria pseudarmeria* 'Ballerina Red'

园艺品种。多年生常绿草本，丛生，株高 30 cm。叶狭长，淡灰绿色，茎硬质。花深红色，球形。

4b. '白芭蕾' 宽叶海石竹 *Armeria pseudarmeria* 'Ballerina White'

六九、蓼科 Polygonaceae

草本、稀灌木或小乔木。茎直立，平卧、攀缘或缠绕。单叶，互生，稀对生或轮生，边缘通常全缘，有时分裂。花序穗状、总状、头状或圆锥状，顶生或腋生；花较小，两性，稀单性；花被 3~5 深裂，覆瓦状或花被片 6 层 2 轮。瘦果。世界性分布，但主产北温带。全科 59 属 1 384 种。

苞蓼属，全属 255 种。

1. '惠灵顿' 匙叶苞蓼 *Eriogonum ovalifolium* 'Wellington Form'

园艺品种。多年生常绿草本，株高 30 cm。叶小，基生，匙形，灰白色，具短绒毛。伞形花序球状，着生于侧枝顶端，花小，白色。瘦果。原种产北美洲。

167

2. 伞花苞蓼

Eriogonum umbellatum

多年生常绿草本，茎平卧或直，株高8~30 cm。叶丛生，绿色，背面白色，有绒毛。头状花序，花小，黄色至黄白色，后成紫铜色。瘦果。产美国。

蓼属，全属217种。

3. 密穗蓼 *Polygonum affine*

半灌木，草质，密集成簇生状。基生叶倒披针或披针形，近革质；茎生叶2~3枚，较小。总状花序呈穗状，顶生，直立，紧密，粗壮，花被5深裂，紫红色。瘦果。产中国西藏，尼泊尔、印度、巴基斯坦、克什米尔地区及阿富汗。

4. 拳参 *Polygonum bistorta*

多年生草本。基生叶宽披针形或狭卵形，纸质；茎生叶披针形或线形，无柄。总状花序呈穗状，顶生，紧密。花被5深裂，白色或淡红色。瘦果。产中国大部，日本、蒙古、哈萨克斯坦、俄罗斯及欧洲也有。

4a. '华丽'拳参 *Polygonum bistorta* 'Superba'

4b. '卓越'拳参
Polygonum bistorta 'Superbum'

5. 圆穗蓼
Polygonum sphaerostachyum

多年生草本。基生叶长圆形或披针形，顶端急尖，基部近心形；茎生叶较小，狭披针形或线形，叶柄短或近无柄。总状花序呈短穗状，顶生，花被5深裂，淡红色或白色，花被片椭圆形。产中国，印度、尼泊尔、不丹也有。

七〇、茅膏菜科 Droseraceae

食虫植物，多年生或一年生草本，陆生或水生；茎的地下部位具不定根，常有退化叶。叶互生，常莲座状密集，稀轮生，通常被头状黏腺毛，幼叶常拳卷。花通常多朵排成顶生或腋生的聚伞花序，稀单生于叶腋，两性，辐射对称。蒴果。主产热带、亚热带和温带地区，少数分布于寒带。全科3属189种。

茅膏菜属，全属187种。

1. 叉叶茅膏菜 *Drosera binata*

多年生草本，茎纤细，株高30 cm。叶叉形，被头状黏腺毛，幼叶拳卷。聚伞花序，小花白色，花瓣4片。蒴果。产澳大利亚及新西兰。

2. 好望角茅膏菜　南非茅膏菜
Drosera capensis

多年生食虫植物，株高8 cm。常绿，叶丛莲座状，叶匙形，具红色黏腺毛。花小，粉红色或白色。蒴果。产南非。

3. 绒毛茅膏菜 *Drosera capillaris*

多年生草本，茎短，株高2~4 cm。叶莲座状，匙形，绿色至紫色，黏腺毛紫红色。小花淡粉至紫色。蒴果。产北美洲。

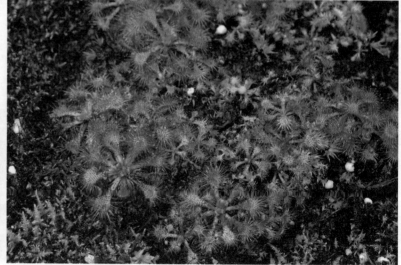

4. 楔叶茅膏菜 *Drosera cuneifolia*

多年生草本，茎短，株高 2~4 cm。叶莲座状，楔形，绿色或紫红色，黏腺毛紫红色。小花紫色。蒴果。产南非。

5. 王茅膏菜 *Drosera regia*

多年生草本，茎短。叶基生，条形，长可达 70 cm，绿色，黏腺毛紫红色。小花紫红色。蒴果。产南非。

七一、石竹科 Caryophyllaceae

一年生或多年生草本，稀亚灌木。单叶对生，稀互生或轮生，全缘。花两性，排列成聚伞花序或聚伞圆锥花序，稀单生，少数呈总状花序、头状花序、假轮伞花序或伞形花序。花瓣 5 片，稀 4 片。蒴果。全科 91 属 2 456 种。

无心菜属，全属 272 种。

1. 多利斯无心菜 *Arenaria dyris*

多年生草本，株高 10 cm。单叶，对生，披针形，先端尖，基部渐狭，灰绿色。聚伞花序顶生，小花白色。蒴果产非洲摩洛哥。

2. 淡紫蚤缀 *Arenaria purpurascens*

多年生常绿草本，匍匐状，株高 1~5 cm。叶锐尖，有光泽，全缘。花小，多数，簇生，星状，淡紫红色至深紫红色。蒴果。产法国及西班牙。

3. '珍珠' 无心菜
Arenaria 'The Pearl'

园艺品种。多年生草本，株高 20 cm。小叶椭圆形，全缘，绿色。花多数，簇生，花白色。蒴果。

卷耳属，全属 205 种。

4. 鲍斯尔卷耳 *Cerastium boissieri*

多年生草本，株高 30 cm。叶对生，披针形，被白色柔毛，叶灰白色。二歧聚伞花序顶生，花瓣 5 片，白色。蒴果。产欧洲及非洲。

5. 亮白卷耳
Cerastium candidissimum

多年生草本，株高 20 cm。叶对生，披针形，密被白色柔毛，叶银白色。二歧聚伞花序顶生，花瓣 5 片，亮白色。蒴果。产希腊。

6. 绒毛卷耳 *Cerastium tomentosum*

多年生草本，匍匐状，茎平卧，株高 5~8 cm。叶小，灰色，密生于茎上。花星状，白色，株高于叶丛。产亚洲及欧洲。

石竹属，全属 338 种。

7. 安纳托里亚石竹
Dianthus anatolicus

多年生草本，丛生，垫状。小叶密集，对生，披针形，先端尖锐，灰绿色。花单生，粉红色，花瓣 5 片。蒴果。产土耳其。

8. 阿帕迪石竹
Dianthus arpadianus

多年生草本，丛生，丘状。叶禾草状，对生，披针形，先端尖锐。花单生，粉红色，花瓣 5 片。蒴果。产希腊及土耳其。

石头花属，全属 152 种。

9. 卷耳状石头花
Gypsophila cerastioides

多年生草本，匍匐状，株高
2~5 cm。叶卵圆形，具缘毛，
有光泽，绿色。花小繁多，碟状，
花瓣 5 片，淡粉色，具紫色条纹。
蒴果。产喜马拉雅山地区。

10. '玫红' 匍生丝石竹
Gypsophila repens 'Rosea'

园艺品种。垫状多年生长草
本，匍匐生长，株高 20 cm。叶
披针形，绿色。花两性，聚伞花序，
花粉红色。蒴果。原种产欧洲。

剪秋罗属，全属 14 种。

11. 布谷鸟剪秋罗
Lychnis flos-cuculi

多年生草本，株高 20~
90 cm。叶对生，长卵形，绿色。
花两性，二歧聚伞花序，花瓣 5
片，粉红色，瓣片多裂。蒴果。
产美洲。

12. 洋剪秋罗 *Lychnis viscaria*

多年生草本，丛生，株高 30 cm。叶狭长卵形，绿色，全缘。聚伞花序，花星状，红紫色。蒴果。产欧洲及亚洲。

肥皂草属，全属 16 种。

13. 罗勒叶肥皂草　岩生肥皂草
Saponaria ocymoides

多年生草本，丛生，株高 15 cm。叶卵形，全缘，具缘毛，绿色。聚伞花序，花淡粉红色或深红色。产欧洲。

13a. '白花'罗勒叶肥皂草
Saponaria ocymoides
'Snow Tip'

14. 流苏蝇子草 *Silene fimbriata*

多年生草本，株高 50~100 cm。叶对生，卵圆形，先端尖，基部圆心形或近截平。花两性，聚伞花序，花白色，先端流苏状。产土耳其及高加索。

15. 海滨蝇子草 *Silene uniflora*

多年生草本，茎近平卧。叶对生，椭圆形，先端尖，基部渐狭，边缘具细齿，无柄，蓝绿色。花两性，雌雄同株，花萼囊状，花后多少膨大，花瓣 5 片，白色，瓣片外露。蒴果。产欧洲。

石竹科 Caryophyllaceae

176

16. 硬骨繁缕 *Stellaria holostea*

多年生草本，株高 60 cm。叶扁平，对生，披针形。聚伞花序，花瓣 5 片，白色。蒴果。产欧洲。

七二、番杏科 Aizoaceae

一年生或多年生草本、半灌木或灌木，多汁。单叶对生、互生或假轮生，有时肉质。花两性，稀杂性。花单生、簇生或成聚伞花序。花被片5片，稀4片，覆瓦状排列。蒴果或坚果状。大多数种类产非洲，在美洲、澳大利亚、泛热带也有。全科146属2271种。

照波属，全属10种。

1. 晚花照波

Bergeranthus vespertinus

多年生肉质草本，株高10 cm。单叶，假轮生于茎上，肉质，具棱。花两性，单生，黄色。蒴果。产南非。

露子花属，全属175种。

2. 埃斯特露子花

Delosperma esterhuyseniae

多年生肉质灌木，丛生，株高约10 cm。叶假轮生，肉质，暗红或绿色，具棱。花单生，白色。蒴果。产南非。

177

龙骨角属，全属29种。

3. 格伦龙骨角 *Hereroa glenensis*

多年生肉质半灌木，株高10 cm。叶丛生，绿色，多汁。花单生，黄色。蒴果。产南非。

七三、水卷耳科 Montiaceae

草本、灌木，有的具球茎。叶线形、狭椭圆形至圆形，有的叶片肉质。两性花，通常花瓣 5 片，也有 2 片，3 片，4 片，6 片甚至更多。蒴果。产美洲及大洋洲。全科 14 属 113 种。

露薇花属，全属 17 种。

1. 瓦洛露薇花

Lewisia columbiana
var. *wallowensis*

多年生常绿草本，基部莲座状，株高 4~6 cm。叶厚，扁平，绿色，狭倒披针形，有光泽。花序顶生，花小，白色至深粉红色，杯状。蒴果。产美国。

2. 露薇花 *Lewisia cotyledon*

多年生常绿草本，株高 10~30 cm。基生叶倒披针形至倒卵形，全缘、卷曲或有细锯齿，茎生叶椭圆形至卵形。圆锥状至近伞形聚伞花序，花粉色，少白色、奶油色等其他色泽。蒴果。产美国。

3. 矮小露薇花 *Lewisia pygmaea*

多年生常绿草本，匍匐，株高 1~6 cm。基生叶线形至线状披针形，全缘。总状聚伞花序或单花，花瓣 5~9 片，白色、粉红色或紫红色。蒴果。产美国。

4. 苦根露薇花 *Lewisia rediviva*

多年生草本，株高 1~3 cm。叶莲座状，叶窄，线形至棍棒状，丛生。花大，花瓣 10~19 片，粉红色、白色、紫红色等。蒴果。产北美洲。

4a. '悦龙' 苦根露薇花 *Lewisia rediviva* 'Jolon Alba'

4b. '白花' 苦根露薇花 *Lewisia rediviva* 'White'

5. 特氏露薇花 *Lewisia tweedyi*

多年生常绿草本，株高 15 cm，茎粗壮有分枝。叶大，肉质，倒卵形，莲座状。花开展，杯状，花瓣多数，白色或粉红色。蒴果。产加拿大。

6a. '伯恩特' 露薇花
Lewisia 'Brynhyfryd Hybrids'

园艺品种。多年生常绿草本，株高 10 cm。叶基生，椭圆形，绿色。花繁密，粉红色。蒴果。

6b. '乔治·亨利' 露薇花 Lewisia 'George Henley'

6c. '玫瑰色' 露薇花
Lewisia 'Rose Splendove'

七四、仙人掌科 Cactaceae

多年生肉质草本、灌木或乔木，地生或附生。茎直立、匍匐、悬垂或攀缘，圆柱状、球状、侧扁或叶状。叶扁平、全缘或圆柱状、针状、钻形至圆锥状，互生或完全退化。花常单生，稀总状、聚伞状或圆锥花序；花两性，稀单性。浆果。全科 176 属 2 233 种。

乳突球属，全属 185 种。

子孙球属，全属 22 种。

1. 多刺乳突球 mammillaria varieaculeata

多年生草本，茎球形，密布螺旋状排列的疣状突起，具尖刺。花小，生于近茎顶处，粉红色。产墨西哥。

2. 琉璃鸟 Rebutia deminuta

多年生草本。茎圆柱形，深绿色，群生，棱螺旋状排列，刺座紧密，刺白色。花橙红色。浆果。产玻利维亚及阿根廷。

3. 新玉 *Rebutia fiebrigii*

多年生草本。茎圆柱形，绿色，群生，棱螺旋状排列，刺座紧密，刺白色。花粉红色。浆果。产玻利维亚、阿根廷及美国南部。

丝苇属，全属 52 种。

4. 麦秆丝苇 *Rhipsalis floccosa*

附生草本。茎圆柱形，多分枝，状似麦秆，上被白色绒毛。小花白色，浆果红色。产阿根廷、玻利维亚、巴西、巴拉圭、秘鲁、委内瑞拉。

七五、山茱萸科 Cornaceae

落叶乔木或灌本,稀常绿或草本。单叶对生,稀互生或近于轮生。花两性或单性异株,为圆锥、聚伞、伞形或头状等花序,有苞片或总苞片;花 3~5 数。果为核果或浆果状核果。分布于全球各大洲的热带至温带以及北半球环极地区,而以东亚为最多。全科 12 属 124 种。

山茱萸属,全属 51 种。

1. 草茱萸 *Cornus canadensis*

多年生草本,株高 13~17 cm。叶对生或 6 枚于枝顶近于轮生,纸质,倒卵形至菱形。伞形状聚伞花序顶生,总苞片 4 枚,白色花瓣状;花小,白绿色,花瓣 4 片。核果球形,红色。产中国吉林,朝鲜、日本、俄罗斯及北美洲也有。

2. '花叶'灯台树

Cornus controversa
'Varlegata'

园艺品种。落叶乔木,株高 6~15 m。叶互生,纸质,阔卵形、阔椭圆状卵形或披针状椭圆形全缘,叶边缘白色。伞房状聚伞花序,顶生,花小,白色,花瓣 4 片。核果球形。产中国、朝鲜、日本、印度、尼泊尔、不丹。

3a. '切罗基酋长' 大花四照花
Cornus florida
'Cherokee Chief'

园艺品种。落叶乔木，株高可达 10 m。叶对生，卵形，具细密不明显锯齿。花密集，头状花序；苞片 4 枚，粉红色，扭曲。原种产北美洲。

3b. '黎明' 大花四照花
Cornus florida 'Daybreak'

园艺品种。苞片白色，叶边缘黄绿色。

4. 日本四照花 *Cornus kousa*

落叶小乔木，株高 8~12 m。叶对生，薄纸质，卵形或卵状椭圆形，边缘全缘或有明显的细齿。头状花序球形，由 40~50 朵花聚集而成；总苞片 4 枚，白色，花小，花萼管状。果序球形，成熟时红色。产朝鲜和日本。

4a. '里美' 日本四照花
Cornus kousa 'Satomi'

4b. '欧洲之星' 日本四照花 *Cornus kousa* 'Eurostar'

4c. '约翰' 日本四照花
Cornus kousa 'John Slocock'

5. 四照花
Cornus kousa subsp. *chinensis*

落叶乔木，与原种日本四照花区别主要是叶纸质或厚纸质，背面粉绿色，花萼内侧有一圈褐色短柔毛。产中国。

5a. '中国姑娘' 四照花 *Cornus kousa* subsp. *chinensis* 'China Girl'

6. '维纳斯' 四照花
Cornus 'Venus'

园艺品种。落叶小乔木，株高可达 8 m。叶对生，薄纸质，卵形，先端尖，基部近圆形。头状花序，由 40 余朵小花聚集而成；总苞片大，4 枚，白色。

珙桐属，全属 1 种。

7. 珙桐 *Davidia involucrata*

落叶乔木，株高 15~20 m。叶纸质，互生，常密集生于幼枝顶端。两性花与雄花同株，由多数的雄花与 1 朵雌花或两性花集成近球形的头状花序，两性花位于花序的顶端，雄花环绕于其周围，基部具花瓣状的苞片 2~3 枚。核果。

7a. 光叶珙桐

Oxalis enneaphylla
var. *vilmoriniana*

落叶乔木，株高 15~20 m。叶下面常无毛或仅幼时叶脉上被稀疏的短柔毛或粗毛，有时下面被白霜。特产中国。

七六、绣球科 Hydrangeaceae

灌木或小乔木，稀攀缘。叶对生。花两性，组成圆锥花序，伞房花序、聚伞花序或总状花序，稀单花，顶生或腋生。产温带，以东亚、墨西哥及中美洲居多。全科 17 属 237 种。

木银莲属，全属 1 种。

1. 木银莲

Carpenteria californica

常绿灌木，株高 3 m。叶对生，长椭圆形，全缘，具光泽，暗绿色。花大，芳香，白色，花蕊金黄色。产美国。

2. 赤壁木 *Decumaria sinensis*

攀缘灌木，长 2~5 m。叶薄革质，倒卵形、椭圆形或倒披针状椭圆形。伞房状圆锥花序，花白色，芳香；花瓣长圆状椭圆形，花丝纤细。蒴果钟状或陀螺状。产中国。

3. 密序溲疏 *Deutzia compacta*

灌木，株高 2~3 m。叶纸质，卵状披针形或长圆状披针形。伞房花序顶生，稀腋生，有花 20~80 朵，花瓣粉红色，阔倒卵形或近圆形。蒴果。产中国、尼泊尔、不丹、印度及缅甸。

4. 光萼溲疏 *Deutzia glabrata*

灌木，株高约 3 m。叶薄纸质，卵形或卵状披针形。伞房花序，有花 5~20（~30）朵，花蕾球形或倒卵形；花瓣白色，圆形或阔倒卵形。蒴果。产中国、朝鲜及俄罗斯。

绣球科 Hydrangeaceae

187

5. 黄山溲疏 *Deutzia glauca*

灌木，株高 1.5~2 m。叶纸质，卵状长圆形或卵状椭圆形，稀卵状披针形。圆锥花序，具多花，无毛。花瓣白色，长圆形或狭椭圆状菱形。蒴果。产安徽、河南、湖北、浙江、江西。

6. 球花溲疏 *Deutzia glomeruliflora*

灌木，株高 1~2 m。叶纸质，卵状披针形或披针形。聚伞花序，常紧缩而密集，有花 3~18 朵。花蕾椭圆形；花瓣白色，倒卵状椭圆形。蒴果。产中国。

7. 细梗溲疏 *Deutzia gracilis*

灌木，株高约 1.5 m。叶纸质，披针形或椭圆状披针形。总状花序或狭圆锥花序，有花 12~25 朵，下部的分枝有时具 2 (~3) 朵花。花瓣白色，长圆形或长圆状披针形。蒴果。产日本。

8. 长叶溲疏 *Deutzia longifolia*

灌木，株高 2~2.5 m。叶近革质或厚纸质，披针形、椭圆状披针形。聚伞花序展开，稀稍紧缩，具花 (9~) 12~20 朵；花蕾椭圆形。花瓣紫红色或粉红色，椭圆形或倒卵状椭圆形。蒴果。产中国。

9. 钩齿溲疏 *Deutzia prunifolia*

灌木，株高 0.3~1 m。叶纸质，卵状菱形或卵状椭圆形。聚伞花序具 2~3 朵花或单生；花蕾长圆形。花瓣白色，倒卵状长圆形或倒卵状披针形。蒴果。产中国及朝鲜。

10. 紫花溲疏 *Deutzia purpurascens*

灌木，株高 1~2 m。叶纸质，阔卵状披针形或卵状长圆形。伞房状聚伞花序长有花 3~12 朵，花蕾椭圆形或长圆形。花瓣粉红色，倒卵形或椭圆形。蒴果。产中国、缅甸和印度。

11. 溲疏 *Deutzia scabra*

灌木，株高 2~2.5 m。叶对生，叶片卵形至卵状披针形。圆锥花序直立，花瓣 5 片，白色。蒴果。原产中国。

12. 欧洲山梅花 西洋山梅花
Philadelphus coronarius

落叶灌木，丛生，株高可达 3 m。总状花序，花白色，花瓣 4 片，芳香。蒴果。产欧洲南部。

13. 滇南山梅花 *Philadelphus henryi*

灌木，株高 1.5~2.5 m。叶纸质，卵形或卵状长圆形。总状花序有花 5~22 朵，稀柔弱枝上 1~3 朵，最下的 1~3 对分枝顶端常具 2~3 朵花排成聚伞状；花瓣白色，圆形或长圆形。蒴果。产中国。

14. 甘肃山梅花
Philadelphus kansuensis

灌木，株高 2~7 m。叶卵形或卵状椭圆形，花枝上叶较小。总状花序有花 5~7 朵；花序轴紫红色，花冠盘状；花瓣白色，长圆状卵形。蒴果。分布于中国。

15. 东北山梅花

Philadelphus schrenkii

灌木，株高 2~4 m。叶卵形或椭圆状卵形，生于无花枝上叶较大，花枝上叶较小。总状花序有花 5~7 朵；花瓣白色，倒卵形或长圆状倒卵形。蒴果。产中国、朝鲜和俄罗斯。

16. 毛柱山梅花

Philadelphus subcanus

灌木，株高 3~6 m。叶纸质，卵形或卵状披针形。总状花序有花 9~15（~25）朵，有时下部 1~3 对分枝顶端具 3 朵至多朵花排成聚伞状或圆锥状。花冠盘状，花瓣白色。蒴果。产中国。

17. 城口山梅花

Philadelphus subcanus
var. ***magdalenae***

本变种与原种毛柱山梅花的区别在于花萼外面疏被短柔毛，紫红色，花柱顶端 2/3 开裂。产中国四川、湖北。

七七、凤仙花科 Balsaminaceae

一年生或多年生草本，稀附生或亚灌木。单叶，螺旋状排列、对生或轮生。花排成腋生或顶生总状或假伞形花序。花瓣 5 片，稀无距。假浆果或蒴果。产亚洲、非洲，少数产欧洲及北美洲。全科 2 属 488 种。

凤仙花属，全属 487 种。

1. 杂交凤仙花

Impatiens kilimanjari × pseudoviola

草本。茎肉质，直立。单叶互生，椭圆形，先端尖，基部近楔形，边缘波状，具尖刺。花粉红色，喉部有黄斑。蒴果。园艺杂交种。

2. 小花凤仙花

Impatiens parviflora

一年生草本，株高 30~60 cm。茎肉质，直立，节膨大。叶互生，椭圆形或卵形。总花梗生于上部叶腋，具 4~12 朵花。花小，淡黄色，喉部常有淡红色斑点。蒴果。产中国新疆，欧洲、俄罗斯、中亚及蒙古也有。

七八、福桂树科 Fouquieriaceae

灌木或小乔木，茎肉质，具刺。叶小，常簇生，全缘，羽状脉，卵形或倒卵形。花两性，顶生或腋生，花萼 5 枚，花冠合瓣 5 片。蒴果，产墨西哥及美国的干旱的山坡中。全科 2 属 12 种。

福桂树属，全属 11 种。

福桂树

Fouquieria splendens

灌木，多分枝，茎圆柱形，具尖刺，株高可达 9 m。叶小，绿色，倒卵形或匙形，全缘。圆锥花序，花钟形，亮红色。蒴果。产北美洲。

七九、花葱科 Polemoniaceae

一年生、二年生或多年生草本或灌木，有时以其叶卷须攀缘。叶通常互生、对生，全缘或分裂或羽状复叶。花小或大，组成二歧聚伞花序、圆锥花序，有时穗状或头状花序，很少单生叶腋；花两性，整齐或微两侧对称；花冠合瓣。蒴果。主产北美洲西部，欧洲、亚洲较少。全科 30 属 455 种。

天蓝绣球属，全属 85 种。

1. '丹尼尔斯垫状' 天蓝绣球
Phlox 'Daniels Cushion'

园艺品种。多年生草本，茎丛生，多分枝。叶对生或簇生，线状，绿色。花数朵生枝顶，成简单的聚伞花序，花冠高脚碟状，深粉红色。蒴果。

2. '伊娃' 道氏天蓝绣球
Phlox douglasii 'Eva'

园艺品种。多年生常绿草本，植株圆丘状，株高 5~10 cm。叶披针形，具糙伏毛，全缘。花多数，淡粉色，花瓣底部有蓝紫色斑。蒴果。原种产美国。

3. '深粉红' 针叶天蓝绣球
Phlox subulata
'McDaniel's Cushion'

园艺品种。多年生矮小草本。茎丛生，铺散。叶对生或簇生于节上，钻状线形或线状披针形。花数朵生枝顶，花冠高脚碟状，深粉红色。蒴果。原种产北美洲。

4. 花葱 *Polemonium caeruleum*

多年生草本，茎直立，株高 0.5~1 m。羽状复叶互生，小叶互生，长卵形至披针形。聚伞圆锥花序顶生或上部叶腋生，疏生多花；花冠紫蓝色，钟状。蒴果。产欧洲温带、亚洲和北美洲。

5. 匍匐花葱 *Polemonium reptans*

多年生草本，株高 40~50 cm。奇数羽状复叶，小叶对生，卵圆形，先端尖，基部圆，近无柄，全缘，绿色。聚伞花序，小花淡蓝色，花瓣 5 片。产东欧及北美洲。

八〇、报春花科 Primulaceae

多年生或一年生草本，稀为亚灌木。叶互生、对生或轮生，或全部基生。花单生或组成总状、伞形或穗状花序，两性，辐射对称；花冠通常 5 裂，稀 4 或 6~9 裂。蒴果。分布于全世界，主产北半球温带。全科 68 属 2 788 种。

点地梅属，全属 170 种。

1. 匍茎点地梅　喜马拉雅点地梅
Androsace sarmentosa

多年生常绿草本，垫状，株高 4~10 cm。叶莲座状，二型，叶小，窄椭圆形至披针形，具白色绢毛。伞形花序，花冠紫色或粉红色，有黄色眼状斑。蒴果。产中国、尼泊尔及巴基斯坦。

2. 叠叶点地梅 *Androsace vandellii*

多年生常绿草本，密生成垫状，株高 3 cm。叶狭窄，灰绿色，上密布白色绒毛。花瓣 5 片，白色。蒴果。产比利牛斯山及阿尔卑斯山。

垫报春属，全属 54 种。

3. 总苞垫报春 *Dionysia involucrata*

多年生草本，植株低矮，20 cm。叶顶生，圆形，边缘具锯齿，绿色。花单生，花冠管极长，花瓣 5 片，粉色。蒴果。产俄罗斯及亚洲。

流星报春属，全属 15 种。

4. 流星报春 *Dodecatheon meadia*

多年生草本，丛生，株高 10~50 cm。叶倒披针形、长椭圆形或匙形，少卵形，淡绿色。花冠白色、淡紫色至紫红色，花茎高于叶面，裂片反折。蒴果。产北美洲。

5. 美丽流星报春

Dodecatheon pulchellum

多年生草本，丛生，株高 15~40 cm。叶倒披针形或卵形至近椭圆形，边全缘，有时波纹状。花淡红色至紫红色、深红色，花瓣反折。蒴果。产美国及墨西哥。

珍珠菜属，全属 193 种。

6. 圆叶过路黄

Lysimachia nummularia

多年生草本，植物匍匐状，根状茎蔓生，蔓长 10~50 cm。叶对生，圆形，绿色，全缘。花单生，花冠鲜黄色。蒴果。产欧洲。

195

草金牛属，全属1种。

7. 草金牛 矮小草金牛
Marantodes pumilum

多年生草本，丛生。叶大，长可达20 cm，卵圆形或椭圆形，平行脉，全缘。花序腋生，花白色。果红色。产马来西亚及印度尼西亚。

报春花属，全属392种。

8. 耳叶报春 *Primula auricula*

多年生常绿草本，株高20 cm。叶莲座状，卵形，柔软，淡绿色至灰绿色，密被白粉，全缘。品种繁多，花黄色、紫色、粉色及白色，具芳香。产欧洲。

9. 球花报春 *Primula denticulata*

多年生草本。叶多枚形成密丛，叶片矩圆形至倒披针形。花序近头状，花直立；花冠蓝紫色或紫红色，极少白色，冠筒口周围黄色，裂片倒卵形，先端2深裂。蒴果。产中国西藏，自克什米尔地区沿喜马拉雅山分布至印度北部地区。

10. 灰岩皱叶报春

Primula forrestii

多年生草本。叶簇生于根茎端，叶片卵状椭圆形至椭圆状矩圆形。伞形花序具7~18（~25）朵花，花冠深金黄色，冠檐裂片先端2裂。蒴果。产中国云南。

11. 日本报春 *Primula japonica*

多年生草本，株高45 cm。叶大，莲座状，椭圆形，叶脉明显，边缘有细锯齿。伞形花序，花深红色、粉红色等。蒴果。产日本。

12. 粉被灯台报春

Primula pulverulenta

多年生草本。叶椭圆形全椭圆状倒披针形。聚伞形花序3~4轮，每轮具4~12朵花。花紫红色，裂片倒卵形，先端具深凹缺。蒴果。产中国四川。

13. 高穗花报春 *Primula vialii*

多年生草本。叶狭椭圆形至矩圆形或倒披针形。穗状花序多花，花未开时呈尖塔状，花全部开放后呈筒状，花萼蕾期外面深红色，后渐变为淡红色，花冠蓝紫色，裂片卵形至椭圆形。蒴果。产中国四川及云南。

雪铃花属，全属 10 种。

14. 柔毛雪铃花
Soldanella villosa

多年生草本，株高 20 cm。叶基生，卵圆形，边缘具细齿，绿色。伞形花序，花蓝紫色，花瓣丝状裂。蒴果。产欧洲。

八一、岩梅科 Diapensiaceae

常绿小灌木或多年生草本，具排列紧密或疏松莲座状的基生叶丛。花单生或为伞形总状花序或头状花序，两性，整齐，萼片、花瓣、雄蕊均为 5 数，下面有 2 枚苞片；花冠深裂，漏斗状钟形或高脚碟状。蒴果。环北极分布，向南至印度和中国西南至台湾省。全科 6 属 12 种。

岩扇属，全属 5 种。

1. 岩镜　流苏岩扇
Shortia soldanelloides

多年生常绿草本，丛生，株高 5~10 cm。叶圆形，具锯齿，绿色，幼叶红色。花小，钟状，下垂，花瓣流苏状，深粉红色。蒴果。产日本。本种暂没被接受。

岩扇属，全属 3 种。

2. 单花岩扇　独花岩扇
Shortia uniflora

多年生常绿草本，铺地状，具数个长匍茎，株高 8 cm。叶圆形，绿色，有深锯齿，革质，具光泽。花杯状，萼片红色，花白色。蒴果。产日本。

八二、安息香科 Styracaceae

乔木或灌木。单叶，互生，无托叶。总状花序、聚伞花序或圆锥花序，很少单花或数花丛生，顶生或腋生；花两性，很少杂性；花冠合瓣，极少离瓣，裂片通常 4~5 片，很少 6~8 片。核果、蒴果，稀浆果，主产亚洲及美洲；少数分布至地中海沿岸。全科 12 属 133 种。

银钟花属，全属 4 种。

1. 卡罗莱纳银钟花 *Halesia tetraptera*

落叶乔木，株高可达 10 m。单叶互生，叶片卵形至披针形，边缘有锯齿。花冠钟状，花瓣 4 片，白色。核果。产美国。

安息香属，全属 101 种。

2. 野茉莉　日本安息香
Styrax japonicus

落叶乔木，树冠开展，株高 6~8 m，有的可达 10 m。叶互生，纸质，椭圆形或长圆状椭圆至椭圆形，上部有疏齿。总状花序，花钟状，白色，下垂，芳香。核果。

八三、瓶子草科 Sarraceniaceae

多年生食肉草本，具根状茎，有的具匍匐茎。叶互生，空心管状，先端阔，叶片多色。花葶 1 或 2 根，花两性，花瓣 5 片。蒴果。产南、北美洲。全科 3 属 32 种。

卷瓶子草属，全属 10 种。

1. 瘦长卷瓶子草

Heliamphora elongata

多年生草本。叶长 20~30 cm，叶喇叭状，光滑，盖盔状，口阔。花茎高约 50 cm，花瓣白色至粉红色。蒴果。产委内瑞拉。

2. 小卷瓶子草

Heliamphora minor

多年生草本。叶长 10~15 cm，下部稍弯曲，上部为圆筒形，略呈漏斗状，盖盔状。花瓣紫红色。蒴果。产委内瑞拉。

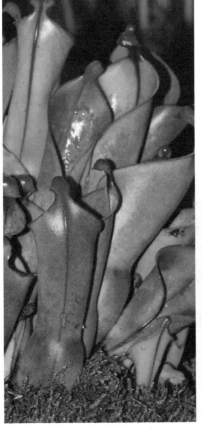

3. 俯垂卷瓶子草

Heliamphora nutans

多年生草本。叶长约 30 cm。下部稍弯，中间略大，顶端漏斗状，盖盔状。花序悬垂，花瓣绿色至淡紫色。蒴果。产圭亚那、巴西及委内瑞拉。

瓶子草属，全属21种。

4. 阿拉巴马瓶子草
Sarracenia alabamensis

多年生草本，株高20~60 cm。囊状叶（变态叶）绿色带淡红色，脉纹紫色，顶端盔状，花紫红色。蒴果。产美国。

5. 黄瓶子草 *Sarracenia flava*

多年生草本，直立，丛生，株高45 cm。囊状叶（变态叶）黄绿色，具红色斑点，顶端盔状。花黄色或黄绿色，萼片绿色，下垂，具香气。蒴果。产北美洲。

5a. 古铜瓶子草
Sarracenia flava var. *cuprea*

6. 山地瓶子草
Sarracenia oreophila

多年生草本，直立，株高18~75 cm。囊状叶（变态叶）管状，由下至上逐渐变粗，具紫色脉纹，上端喇叭状，盖大，盔状。花黄色。蒴果。产北美洲。

7. 长叶瓶子草
Sarracenia leucophylla

多年生草本，直立，株高25~100 cm。囊状叶（变态叶）管状，上部粗，下部较细，绿色，上端喇叭状，具白色斑块。花紫红色。蒴果。产北美洲。

8. 紫瓶子草

Sarracenia purpurea

多年生常绿草本，直立至半匍匐状，莲座状，株高 30 cm。叶瓶状，膨大，绿色，略带淡紫红色，叶脉淡紫红色。花瓣 5 片，紫色。蒴果。产北美洲。

八四、猕猴桃科 Actinidiaceae

多为藤本，也有灌木及小乔木。叶为单叶，互生。花序腋生，聚伞式或总状式，或简化至单花单生；花两性或雌雄异株；花瓣 5 片或更多，覆瓦状排列。浆果或蒴果。主产亚洲及美洲。全科 3 属 176 种。

猕猴桃属，全属 75 种。

1. 狗枣猕猴桃

Actinidia kolomikta

大型落叶藤本。小叶膜质或薄纸质，阔卵形、长方卵形至长方倒卵形，上部往往变为白色，后渐变为紫红色。花白色或粉红色，芳香。浆果。产中国、俄罗斯、朝鲜及日本。

2. 贡山猕猴桃 *Actinidia pilosula*

落叶藤本。叶纸质，矩卵形、卵形至卵圆形，部分小叶片上部变为白色，也有粉红色。花淡黄色，花瓣 5 片，园艺栽培的也有粉红色。浆果。产中国云南贡山。

八五、杜鹃花科 Ericaceae

灌木或乔木，株型小至大；地生或附生；通常常绿，少有半常绿或落叶；叶革质，少有纸质，互生，极少假轮生，稀交互对生。花单生或组成总状、圆锥状或伞形总状花序，两性；花瓣合生成钟状、坛状、漏斗状或高脚碟状，稀离生，花冠通常 5 裂，稀 4、6、8 裂，裂片覆瓦状排列。蒴果或浆果，少有浆果状蒴果。全世界除沙漠地区外广布。全科 151 属 3 554 种。

树萝卜属，全属 147 种。

1. 黄杨叶树萝卜

Agapetes buxifolia

附生常绿灌木，株高 1.2~1.5 m。叶稍密集而平展，椭圆形或倒卵形。花单生或双生叶腋；花冠圆筒状，檐部稍宽亮红色。产中国西藏及不丹。

2. 皱叶树萝卜

Agapetes incurvata

附生灌木。叶片披针形或长圆形。伞房花序具短的总花梗，花冠圆筒状，檐部稍缢缩，深红色或玫瑰红色，或白色，具血红色 V 形横纹。浆果。产中国西藏，印度、不丹等也有。

3. 拟树萝卜 *Agapetes scortechinii*

附生常绿灌木。叶互生，长圆形，茎、叶、花梗均被毛，全缘。花单生，萼片绿色；花冠筒状，红色，具暗紫色脉纹。浆果。产马来西亚。

4. 青姬木　倒壶花

Andromeda polifolia

常绿灌木，株高 30~45 cm。多分枝。叶窄，革质，绿色，具光泽，脉深凹。花顶端簇生，壶状，粉红色。产北半球温带。

5. 草莓树　荔莓、爱尔兰草莓树

Arbutus unedo

常绿乔木或灌木，株高可达 10 m，树冠开展。叶深绿色，长椭圆形，具光泽。花下垂，坛状，白色。果实红色，草莓状。产欧洲及北美洲。

6. 帚石南 *Calluna vulgaris*

常绿灌木，丛生，株高 60 cm。叶微肉质，线形，对生或重叠，亮绿色至灰色、黄色、橙色及红色。穗状花序，花钟状至坛状，单瓣或重瓣。产欧洲。

杜鹃花科 Ericaceae

205

7. 梅腾斯岩须 *Cassiope mertensiana*

常绿矮小灌木，茎上升。叶小，交互对生，鳞片状，覆瓦状排列成 4 行，全缘绿色。花腋生，弯垂，钟形，白色。蒴果。产北美洲。

8a. '爱米丽' 大宝石南
Daboecia cantabrica
'Amelie'

园艺品种。常绿灌木，蔓生，株高 45 cm。叶披针形至卵形，暗绿色。花钟状至壶状，单瓣或重瓣，白色、紫色或紫红色。原种产欧洲。

8b. '紫花' 大宝石南
Daboecia cantabrica
'Atropurpurea'

杜鹃花科 Ericaceae

206

8c. '希瑟' 大宝石南
Daboecia cantabrica
'Heather Yates'

8d. '凡妮莎' 大宝石南
Daboecia cantabrica
'Vanessa'

8e. '白花' 大宝石南
Daboecia cantabrica
'Alba Globosa'

8f. '贝尔斯登' 苏格兰大宝石南
Daboecia cantabrica
subsp. *scotica* 'Bearsden'

8g. '芭芭拉·菲利普斯'
大宝石南
Daboecia cantabrica
'Barbara Phillips'

异药莓属，全属 77 种。

9. 秀丽异药莓

Dimorphanthera elegantissima

常绿藤本，粗壮，长达数米。叶互生，椭圆形，光亮，基出脉，具浅齿。花腋生，钟状，萼片绿色，花瓣红色，顶端近白色。产巴布亚新几内亚。

吊钟花属，全属 14 种。

10. 红脉吊钟花

Enkianthus campanulatus

落叶灌木，丛生，株高可达6 m。小枝红色，叶在枝端簇生，卵形，暗绿色，秋季变为亮红色。花小，钟状，乳黄色至淡红色，具红色脉纹。蒴果。产日本。

10a. '白花' 红脉吊钟花

Enkianthus campanulatus 'Albiflorus'

10b. '垂花' 红脉吊钟花

Enkianthus campanulatus 'Pendulus'

欧石南属，全属868种。

11.'温德米尔'西班牙欧石南
Erica australis 'Holehird'

园艺品种。常绿直立灌木状小乔木，株高6m。叶小，针形，鲜绿色，3~4枚轮生。花密集，芳香，小花钟状，白色或粉红色。

12. 艾伯蒂尼亚欧石南
Erica bauera

灌木，枝条纤细，株高可达1.5 m。叶小，蓝绿色，轮生，线形。穗状花序，花管状，蜡质，白色或粉红色。产南非。

13.'冰帝王'草枝欧石南
Erica carnea 'Ice Princess'

园艺品种。常绿灌木，株高30 cm。叶针形，绿色至深绿色，轮生于枝上。花管状全钟状，白色。原种草枝欧石南产欧洲中部及南部。

14. 电珠花欧石南
Erica cerinthoides

常绿灌木，株高1.5 m。叶小，轮生，针状，直立，多毛，灰绿色。伞房花序顶生，花管状，深红色、粉红色或白色。产斯威士兰及南非。

15. '史蒂芬·戴维斯'
紫花欧石南
Erica cinerea 'Stephen Davis'

园艺品种。常绿松散型灌木，株高达 30~60 cm。叶针形，深绿色，3 枚轮生。总状花序，小花钟状，粉红色。原种产欧洲中部及西部。

16. '福瑞兹'达尔利欧石南
Erica × darleyensis 'Furzey'

园艺品种。常绿丛状灌木，株高 45 cm。叶针状，绿色，轮生。总状花序，小花密集，花钟状，粉红色。

17. '巴尔干玫红'细尖叶欧石南
Erica spiculifolia 'Balkan Rose'

园艺品种。常绿灌木，株高 2.5 m。叶针形，绿色，轮生。穗状花序，小花钟状，玫红色。原种产欧洲。

18. 多色欧石南 **Erica versicolor**

灌木，株高 2~3 m。叶线形，浅绿色，轮生。总状花序顶生，花管状，红色，先端绿色或淡黄色。产南非。

白珠树属，全属 141 种。

19. 波比白珠树
Gaultheria poeppigii

灌木，茎直立。叶互生，小叶椭圆形，具稀疏锯齿。花单生叶腋，花坛状，口部 5 裂，花萼及花瓣均为白色。浆果状蒴果。产阿根廷及智利。

20. 匍枝白珠　倾卧白珠树
Gaultheria procumbens

常绿亚灌木，茎匍匐状，株高 5~15 cm。叶卵形，革质，丛生，有稀疏浅锯齿，冬季变红色。花钟状，粉红色、白色，单生于叶腋。浆果状蒴果，猩红色。产美洲。

21. 柠檬叶白珠树
Gaultheria shallon

常绿灌木，丛生，小枝红色，株高可达 1.5 m。叶近卵圆形，绿色，先端突尖。总状花序，花坛状，粉红色，坛口 5 浅裂。浆果状蒴果，紫色。产美洲。

山月桂属，全属10种。

22. 山月桂 宽叶山月桂
Kalmia latifolia

常绿灌木，丛生，株高3~
9 m。叶椭圆形，全缘，具光泽，
绿色。花序大，生于叶丛中，花
蕾卷曲，花白色至粉红色。产北
美洲。

杜鹃花科 Ericaceae

杜香属，全属6种。

23. 加茶杜香 *Ledum groenlandicum*

常绿灌木，丛生，株高达
1.5 m。叶条形，具芳香，暗绿色。
伞房花序，花小，白色，蒴果。
产日本。

黄杨杜鹃属，全属3种。

24. 黄杨杜鹃 黄杨叶石南
Leiophyllum buxifolium

常绿灌木，株高25 cm。叶
微小，革质，卵形，暗绿色。花
序顶生，花蕾深粉红色，花小，
星状，白色或淡粉色。产北美洲。

木藜芦属，全属 9 种。

25. 腋花木藜芦 *Leucothoe axillaris*

常绿灌木，株高约 1.5 m。叶深绿色，卵形至椭圆形，先端锐尖，有稀疏锯齿。总状花序，花小，坛状，白色。产美国。

蜂鸟花属，全属 37 种。

26. 萨氏蜂鸟花 *Macleania salapa*

常绿大灌木。叶互生，宽卵形，绿色，全缘。花管状，具光泽，深红色，萼片暗红色。产厄瓜多尔及秘鲁。

瓔珞杜鹃属，全属 2 种。

27. 睫毛萼瓔珞杜鹃

Menziesia ciliicalyx

落叶灌木，丛生，株高可达 1.5 m。叶卵圆形；簇生于枝顶，亮绿色，具白色细绒毛。总状花序，花下垂，紫色，花萼及花梗具长睫毛。产日本。

28. 腺花松毛翠
Phyllodoce glanduliflora

常绿灌木。叶密集，线形，有细锯齿。花顶生，伞形花序，花梗俯垂，小花坛状，白色。蒴果。产北美洲。

红泡花属，本属为松毛翠属 ***Phyllodoce*** 与拟山月桂属 ***Kalmiopsis*** 杂交所得。

29. '柯贝利亚'红泡花
***Phylliopsis* 'Coppelia'**

园艺品种。常绿灌木，直立，株高 30~50 cm。叶条形，全缘，绿色。花簇生，钟状，粉红色。

马醉木属，全属 6 种。

30. '无眠'福氏马醉木
Pieris formosa
var. ***forrestii* 'Wakehurst'**

园艺品种。常绿灌木，丛生，株高 3 m。幼叶亮红色，后渐变为粉红色、乳黄色，最后变为暗绿色。总状花序，小花坛状，白色。蒴果。

31. '森林之火' 马醉木
Pieris 'Forest Flame'

园艺品种。常绿灌木，株高4 m。叶窄卵形，具光泽，幼时鲜红色，随后变为粉红色，最后变为暗绿色。总状花序，小花坛状，白色。蒴果。

32. '情人谷' 马醉木
Pieris japonica
'Valley Valentine'

园艺品种。灌木或小乔木，株高约4 m。叶革质，密集枝顶，椭圆状披针形。总状花序或圆锥花序顶生或腋生，花冠粉红色，坛状，上部浅5裂。蒴果。原种马醉木产中国安徽、浙江、福建、台湾等省，日本也有。

杞莓属，全属45种。

33. 索迪亚杞莓
Psammisia sodiroi

多年生常绿攀缘灌木。叶卵形，全缘，绿色。花数朵生于叶腋，花梗、萼片及花瓣均为粉红色。产哥伦比亚及厄瓜多尔。

34. 大西洋杜鹃

Rhododendron atlanticum

落叶灌木，株高 50~150 cm。叶卵形，绿色，具腺毛。花序顶生，伞形着生，花小，白色至淡粉红色，具芳香。蒴果。产美国。

35. 张口杜鹃

Rhododendron augustinii subsp. *chasmanthum*

灌木，株高 1~5 m。叶椭圆形、长圆形或长圆状披针形，通常无毛。花序顶生，2~6 朵花，伞形着生。花冠宽漏斗状，略两侧对称，淡紫色或白色。蒴果。产中国甘肃、四川、云南。

36. 卵叶杜鹃

Rhododendron callimorphum

灌木，株高约 3 m。叶厚革质，宽卵形或近于圆形，上面深绿色，下面粉绿色。总状伞形花序，有 5~7 朵花，花冠钟状漏斗形，粉红色，5 裂，裂片近于圆形。蒴果。产中国云南。

37. 独龙杜鹃

Rhododendron calostrotum subsp. *keleticum*

匍地小灌木，株高5~30 cm。叶片革质，椭圆状披针形、椭圆形、卵形，上面光亮，下面褐色。花顶生，具1（~2）朵花，花冠宽钟形，鲜紫色或淡紫红色，内有深紫色斑点。蒴果。产中国云南、西藏，缅甸也有。

38. 弯果杜鹃

Rhododendron campylocarpum

灌木，株高2~3 m。叶常4~5枚密生于枝端，革质，卵状椭圆形或长圆状椭圆形，上面绿色微有光泽，下面粉绿色。顶生伞形花序，有6~7朵花；花冠钟状，鲜黄色。蒴果。产中国、印度、不丹及尼泊尔。

39. 弯柱杜鹃

Rhododendron campylogynum

常绿矮小灌木，株高2.5~10（~180）cm。叶厚革质，倒卵形至倒卵状披针形，上面暗绿色，有光泽，下面常苍白色。花序顶生，伞形，具1~4（5）朵花；花冠宽钟状，下垂，肉质，紫红色至暗紫色，外面带白霜。蒴果。产中国、缅甸。

40. 堪察加杜鹃

Rhododendron camtschaticum

多年生矮小灌木，株高15 cm。叶纸质，卵圆形或椭圆形，边缘具浅齿，叶具白色长糙毛。花序顶生，花粉红色，萼片密布褐色糙毛。蒴果。产北美洲的阿拉斯加及俄罗斯堪察加。

41. 樱花杜鹃

Rhododendron cerasinum

常绿灌木，株高2~4 m。叶常密生于枝顶，4~6枚，薄革质，长圆状椭圆形至窄倒卵形。伞形花序，有花3~6朵。花冠钟状或管状，红色。蒴果。产中国西藏，缅甸也有。

42. 雅容杜鹃

Rhododendron charitopes

常绿小灌木，株高25~90（~150）cm。叶芳香，少而疏，革质，倒卵形至倒卵状椭圆形。花序顶生，伞形，具（2）3~4（~6）朵花；花冠钟状或宽钟状，白色、粉红色至淡紫色，有时具深色斑点，或蔷薇色至深红色，有或无斑点。蒴果。产中国云南，缅甸也有。

43. 藏布杜鹃

Rhododendron charitopes
subsp. *tsangpoense*

本亚种与原种雅容杜鹃不同在于叶下面鳞片较疏，相距为其直径的1~6倍。花萼较小，长6 mm。蒴果也较小。产中国西藏。

44. 朱砂杜鹃

Rhododendron cinnabarinum

常绿灌木，株高 1~3（~5）m。叶革质，椭圆形、长圆状椭圆形至长圆状披针形，顶端钝圆至锐尖，有短尖头，基部圆形或宽楔形。花序顶生，伞形，常具花 2~4 朵。花冠筒状，向上稍扩大而呈狭钟状，常为朱砂红色。蒴果。产中国西藏，尼泊尔、印度、不丹也有。

45. '辛西娅'杜鹃

Rhododendron 'Cynthia'

园艺品种。常绿灌木，植株圆顶状，株高可达 6 m。叶革质，长椭圆形，深绿色。花簇圆锥状，花钟状，紫色，内具黑红色斑点。

46. 大白杜鹃

Rhododendron decorum

常绿灌木或小乔木，株高 1~3（~7）m。叶厚革质，长圆形、长圆状卵形至长圆状倒卵形。顶生总状伞房花序，有花 8~10 朵，有香味。花冠宽漏斗状钟形，变化大，淡红色或白色。蒴果。产中国四川、贵州、云南和西藏，缅甸也有。

47. 欧石南状杜鹃

Rhododendron ericoides

常绿灌木，株高可达 1.5 m。叶密生，互生于茎上，叶小、线形，石南叶状。花单生于枝顶，小花钟状，前端 5 裂，红色。蒴果。产马来西亚。

48. 乳黄叶杜鹃

Rhododendron galactinum

灌木或小乔木，株高 5~8 m。叶厚革质，长椭圆形至长倒卵形或披针形。总状伞形花序，约有 15 朵花；花冠钟状，淡紫红色或淡蔷薇色，基部有深红色斑点。蒴果。产中国。

49. 银背杜鹃

Rhododendron hypoleucum

常绿灌木，冠形圆整，株高近 1 m。叶片狭椭圆形，深绿色，具褐色绒毛。花顶生，伞房花序，小花漏斗形，白色。蒴果。产东亚。

50. 深黄杜鹃

Rhododendron luteum

落叶杜鹃，株形开张，株高 1.5~2.5 m。叶长圆形至披针形，幼叶铜红色，纸质，全缘。花漏斗形，深黄色。蒴果。产高加索地区。

51. 日本羊踯躅

Rhododendron molle
subsp. ***japonicum***

落叶灌木，株高近2 m。叶纸质，长圆形，边缘具睫毛。总状花序顶生，花冠漏斗形，红色。蒴果。产日本。

52. 细脉杜鹃 *Rhododendron nervulosum*

常绿灌木。叶条形，互生，革质，绿色。顶生总状伞房花序，花冠漏斗状钟形，橙红色。蒴果。产婆罗洲。

53. 山育杜鹃 *Rhododendron oreotrephes*

常绿灌木，株高1~4 m。叶通常聚生幼枝上部，叶片椭圆形、长圆形或卵形。花序顶生或同时枝顶腋生，短总状，3~5（~10）朵花；花冠宽漏斗状，淡紫色、淡红色或深紫红色。蒴果。产中国四川、云南、西藏，缅甸也有。

54. 粉红杜鹃

Rhododendron periclymenoides

落叶灌木，株高可达3 m。叶亮绿色，椭圆形。花漏斗状，簇生，花管长，白色、浅粉色或紫罗兰色至红色。蒴果。产北美洲。

55. 桃花杜鹃

Rhododendron pruniflorum

常绿灌木,株高1~1.5 m。叶椭圆形,革质,上面有白霜。花序顶生,花冠开展,紫红色至粉红色。蒴果。产喜马拉雅地区。

56. 迷迭香叶杜鹃

Rhododendron quadrasianum var. *rosmarinifolium*

常绿灌木。叶小,长椭圆形,先端凹,下部渐狭。花单生,钟状,橙红色。蒴果。产菲律宾。

57. 雷提夫杜鹃

Rhododendron retivenium

常绿灌木。叶条形,革质,亮绿色,边缘具锯齿。总状花序顶生,花漏斗形,花冠管长,亮黄色。蒴果。产婆罗洲。

58. 凹脉杜鹃

Rhododendron retusum

常绿灌木,叶长卵圆形,先端钝或微凹,全缘,中脉下凹。总状花序顶生,花管状,红色。蒴果。产印度尼西亚。

59. 粉背多变杜鹃

Rhododendron selense subsp. *jucundum*

小灌木,株高1~2 m。叶4~5枚,多密生于枝顶,薄革质或纸质,叶片宽椭圆形,下面有明显的白粉。总状伞形花序,有4~7朵花。花冠漏斗状,粉红色至蔷薇色,5裂。蒴果。产中国。

60. 云南杜鹃

Rhododendron yunnanense

　　落叶、半落叶或常绿灌木，偶成小乔木，株高 1~2（~4）m。叶通常向下倾斜着生，叶片长圆形、披针形，长圆状披针形或倒卵形。花伞形着生或成短总状，花冠宽漏斗状，白色、淡红色或淡紫色。蒴果。产中国。

杜鹃花科 Ericaceae

223

61. 刚毛杜鹃

Rhododendron setosum

常绿小灌木，直立，株高
10~30（~120）cm，叶革质，
卵形，椭圆形、长圆形至倒卵形。
花序顶生，伞形，具1~3（~8）
朵花。花冠宽漏斗状，紫红色。
蒴果。产中国、尼泊尔、不丹、
印度。

62. 针叶杜鹃

Rhododendron stenophyllum subsp. *angustifolium*

常绿灌木，一般不超过
1 m。叶线形，长可达12 cm，
宽仅0.14~0.22 cm，绿色。总
状花序顶生，花橙黄色。蒴果。
产马来西亚、印度尼西亚、文莱。

63. 史蒂文森杜鹃

Rhododendron stevensianum

常绿灌木。叶椭圆形，先端
钝尖，基部圆钝，全缘，革质，
亮绿色。总状花序顶生，花开展，
花冠管长，淡粉色。蒴果。产新
几内亚。

64. 紫杉叶杜鹃
Rhododendron taxifolium

常绿灌木，叶线形，叶面绿色，背面淡绿色。总状花序，花冠钟状，白色。蒴果。产菲律宾。

65. 毛嘴杜鹃
Rhododendron trichostomum

常绿灌木，株高0.3~1（~1.5）m。叶革质，卵形或卵状长圆形。花序顶生，头状，有花6~10（~20）朵，花密集；花冠狭筒状，白色、粉红色或蔷薇色。蒴果。产中国云南、西藏、四川、青海。

66. 毛柱杜鹃
Rhododendron venator

灌木，株高2~3 m。叶多密生于枝顶，叶片革质，椭圆状披针形或长卵状披针形。总状伞形花序，有花6~10朵；花冠管状钟形，肉质，深红色，无色点，基部有5枚暗红色蜜腺囊，5裂。蒴果。产中国西藏。

67. 黄杯杜鹃
Rhododendron wardii

灌木，株高约3 m。叶多密生于枝端，革质，长圆状椭圆形或卵状椭圆形。总状伞形花序，有花5~8（~14）朵。花冠杯状，鲜黄色，5裂，裂片近圆形。蒴果。产中国四川、云南、西藏。

68. 皱皮杜鹃
Rhododendron wiltonii

常绿灌木，株高1.5~3 m。叶厚革质，常4~6枚集生于小枝顶端，叶片倒卵状长圆形至倒披针形。顶生总状伞形花序，有花8~10朵；花冠漏斗状钟形，白色至粉红色，内面具多数红色斑点，基部被微柔毛，裂片5枚。蒴果。产中国四川。

69. 宽杯杜鹃
Rhododendron sinofalconeri

灌木或小乔木，株高3~10 m。叶厚革质，长椭圆形。总状伞形花序，有10~15朵花，花冠钟状，基部偏斜，白色或淡黄色；基部有深紫红色斑，8裂。蒴果。产中国。

70.帚状彩穗木 *Richea scoparia*

常绿灌木，株高可达 2 m。叶密集，剑形，先端尖，基部抱茎，绿色，全缘。花序顶生，小花淡粉色、红色或白色。产澳大利亚。本种为暂不接受的种。

轮果石南属，全属 1 种。

71.百里香叶轮果石南
Trochocarpa thymifolia

常绿灌木，直立，株高30 cm。叶密集，状似百里香叶，全缘，绿色。穗状花序，花小，杯状，粉红色。

越橘属，全属 223 种。

72.矮丛蓝莓
Vaccinium angustifolium

落叶灌木，丛生，株高1.5 m。叶亮绿色，椭圆形，边缘具锯齿，秋季转为红色。花白色，偶尔淡粉红色。果实蓝色。浆果。产美洲。

73. 紫荆叶越橘

Vaccinium cercidifolium

常绿灌木。叶宽卵形，亮绿色，全缘，叶柄短。总状花序，小花坛状，粉红色，管口5裂。浆果。产婆罗洲。

74. 克莱思越橘

Vaccinium clementis

常绿灌木。叶椭圆形，亮绿色，全缘，叶柄短。总状花序顶生，小花坛状，白色，管口5裂。浆果。产婆罗洲。

75. 欧女贞叶越橘

Vaccinium phillyreoides

常绿灌木。叶倒长卵形，先端渐尖，基部圆钝，全缘。总状花序，小花坛状，红色。浆果。产婆罗洲。

76. 细柄越橘 *Vaccinium tenuipes*

常绿灌木。叶卵形，先端渐尖，具绒毛，全缘，亮绿色。总状花序，花坛状，红色。浆果。产菲律宾。

77. 怀特越橘 *Vaccinium whitfordii*

常绿灌木。叶互生，叶小，椭圆形，边缘具稀疏锯齿。小花红色，坛状，红色。浆果。产菲律宾。

粉姬木属，全属 3 种。

78. '树莓'粉姬木
Zenobia pulverulenta
'Raspberry Ripple'

园艺品种。落叶或半常绿灌木，枝微拱形，株高可达 2 m。叶椭圆形，边缘具锯齿。花白色，芳香，钟状。蒴果。原种产北美洲。

八六、丝缨花科 Garryaceae

灌木或小乔木。单叶，对生，具叶柄。花单性，雌雄异株，花常组成圆锥花序或总状圆锥花序，花 4 数。核果。产温带及亚热带。全科 2 属 25 种。

丝缨花属，全属 15 种。

丝缨花 *Garrya elliptica*

常绿灌木，丛生，枝密集，株高 6 m。叶革质，暗绿色，边缘波状，全缘。柔荑花序，雄株的花序长于雌株的花序。核果。

八七、茜草科 Rubiaceae

乔木、灌木或草本，有时为藤本，少数为具肥大块茎的适蚁植物。叶对生或有时轮生，有时具不等叶性，通常全缘。花序各式，均由聚伞花序复合而成，很少单花或少花的聚伞花序；花两性、单性或杂性，花冠合瓣，通常 4~5 裂，很少 3 裂或 8~10 裂。浆果、蒴果或核果，或为分果。广布全世界的热带和亚热带，少数分布至北温带。全科 609 属 13 673 种。

车叶草属，全属 194 种。

1. 阿卡迪亚车叶草
Asperula arcadiensis

一年生或多年生垫状草本，株高 20 cm。叶轮生，叶小，肉质，线形，密布长绒毛。聚伞花序，花腋生，花冠合生，花瓣 4 片，淡粉色。产希腊。

2. 光亮车叶草 *Asperula nitida*

多年生垫状草本，株高 3~10 cm。叶轮生，叶线形，肉质，绿色。聚伞花序，花冠合生，管状，淡粉色。产希腊及土耳其。

美耳草属，全属23种。

3. 蓝花美耳草 *Houstonia caerulea*

多年生草本，株高20 cm。叶椭圆形，先端尖，基部渐狭。花单生于叶腋，花瓣4片，花蓝色，花蕊黄色。产北美洲。

薄柱草属，全属10种。

4. 红果薄柱草

Nertera granadensis

多年生匍匐草本，株高1~5 cm。叶小，卵形或卵状三角形，亮绿色，垫状丛生，后脱落。花微小，白色至浅绿色。核果红色。产中国台湾，美洲、澳洲、东南亚等地。

长柱草属，全属1种。

5. 长柱花 *Phuopsis stylosa*

多年生草本，株高20~60 cm。叶6~10枚轮生，狭披针形，顶端渐尖，尖头成针尖状，基部渐狭。花很多密集成头状花序，生于茎顶，围以多数密生的苞片；苞片叶状，披针形；花冠粉红色，管状漏斗形。果长圆状倒卵形。产俄罗斯、土耳其及伊朗。

九节属，全属1865种。

6. 好望角九节 *Psychotria capensis*

灌木或小乔木，株高可达8m。叶卵圆形至椭圆形，先端尖，基部楔形，绿色，革质。花序顶生，花小，乳黄色。果卵形。产南非。

假咖啡属，全属2种。

7. 罗德里格斯假咖啡

Ramosmania rodriguesi

常绿灌木。叶对生，椭圆形，叶脉褐色，全缘，光亮。花腋生，花瓣5片，白色，常卷曲。产印度洋的罗德里格斯岛。

郎德木属，全属160种。

8. 棉毛郎德木 *Rondeletia laniflora*

常绿灌木。叶椭圆形，对生，先端尖，基部楔形，绿色，全株具棉毛。花冠合生，花管细长，花瓣4片，洋红色。产美洲。

八八、龙胆科 Gentianaceae

一年生或多年生草本。茎直立或斜升，有时缠绕。单叶，稀为复叶，对生，少有互生或轮生，全缘，基部合生。花序一般为聚伞花序或复聚伞花序，有时减退至顶生的单花；花两性，极少数为单性，一般 4~5 数，稀达 6~10 数。蒴果 2 瓣裂，稀不开裂。广布世界各地，但主要分布在北半球温带和寒温带。全科 96 属 1 682 种。

龙胆属，全属 359 种。

1. 无茎龙胆 *Gentiana acaulis*

多年生常绿草本，丛生，株高 2 cm。叶窄卵形，有光泽，全缘。花喇叭状，在短茎上着生，深蓝色，花冠筒中部有大块浅绿色斑，下面密布蓝褐色小斑点。蒴果。产欧洲中部及南部。

2. 西方龙胆 *Gentiana occidentalis*

多年生常绿草本，丛生，株高 10 cm。叶椭圆形，亮绿色，全缘。花管状，蓝色。蒴果。产法国及西班牙。

3. 春花龙胆 *Gentiana verna*

多年生常绿草本，寿命短，株高5 cm。叶卵形，暗绿色，丛生成莲座状。花管状，直立，在短茎上着生，花蓝色，极少白色。蒴果。产欧亚大陆。

小黄管属，全属70种。

4. 托马斯小黄管

Sebaea thomasii

多年生草本，株高10 cm。叶密集，卵圆形，全缘，绿色。花冠管细长，花星状，黄色。蒴果。产非洲。

八九、夹竹桃科 Apocynaceae

主要为乔木、灌木及藤本，很少半灌木及草木，有些具乳汁。单叶对生、轮生，稀互生，全缘。花两性，辐射对称，单生或组成聚伞花序；花冠合瓣，裂片5枚，稀4枚，覆瓦状排列。浆果、核果、蒴果或蓇葖果。主产热带及亚热带地区。全科410属5 556种。

水甘草属，全属19种。

1. 狭叶水甘草

Amsonia tabernaemontana
var. salicifolia

多年生草本，丛生，株高50~90 cm。叶柳叶状，花茎直立，小花星状，淡蓝色。蓇葖果。产美洲。

2. 苦绳 *Dregea sinensis*

攀缘木质藤本。叶纸质，卵状心形或近圆形。伞形状聚伞花序腋生，花冠内面紫红色，外面白色。蓇葖果。产中国，生于山地疏林或灌丛中。

3. 艳花飘香藤 *mandevilla splendens*

木质藤本。叶互生，长椭圆形，全缘，绿色。花粉红色或玫瑰红色，花心金黄色。产巴西。

4. 垂丝金龙藤 *Strophanthus preussii*

攀缘藤本。叶对生，椭圆形，全缘，绿色。聚伞花序，花冠漏斗状，白色，花裂片顶部延长成长尾带状。蓇葖果。产非洲，生于海拔 1 400 m 的森林中。

夹竹桃科 Apocynaceae

234

5. 异形蔓长春花 *Vinca difformis*

常绿亚灌木，株高 30 cm。叶对生，椭圆形，全缘，绿色。花浅蓝色，花瓣 5 片。蓇葖果。产西欧。

九〇、紫草科 Boraginaceae

多为草本，少为灌木及乔木。叶单生、互生，少对生。聚伞花序或镰状聚伞花序，极少单花；花两性，花冠筒状、钟状、漏斗状或高脚碟状。核果、坚果或蒴果。产温带及热带地区，以地中海为分布中心。全科 155 属 2 686 种。

散沫草属，全属 64 种。

1. 山地散沫草

Alkanna oreodoxa

多年生草本，株高 50 cm。叶互生，长椭圆形，上面密被白色绒毛。花腋生，白色带有淡紫色，喉部紫红色。坚果。产土耳其。

2 东方散沫草 *Alkanna orientalis*

多年生草本，株高 40~70 cm。叶互生，长椭圆形，茎及叶具白色棉毛，叶边缘皱曲，先端尖或钝。小花黄色。坚果。产西奈半岛、希腊及土耳其。

3. 美丽软紫草 *Arnebia pulchra*

多年生草本，植株丛生，株高 40 cm。叶披针形至狭卵形，绿色。总状花序，花冠管长，花瓣 5 片，亮黄色，部分花瓣基部有褐色斑点。坚果。产亚洲西部及南部。

蓝珠草属，全属 3 种。

4. 大叶蓝珠草 西伯利亚牛舌草
Brunnera macrophylla

多年生草本，植株丛生，株高 30~45 cm。叶心形，具长柄。花小，星状。坚果。产高加索。

4a. '白霜' 大叶蓝珠草
Brunnera macrophylla 'Jack Frost'

5. 蓝紫田紫草

Buglossoides purpurocaerulea

多年生草本，茎及叶具短绒毛，株高 40 cm。叶互生，披针形，先端尖，基部楔形，近无柄。花小，花瓣紫色，萼筒淡红色。坚果。产地中海向东至西班牙及土耳其，中欧及英国也有。

6. 蜜蜡花 *Cerinthe major*

一年生草本，株高 50～60 cm。叶互生，抱茎，卵圆形至匙形。花顶生，管状，下垂，紫色。坚果。产地中海地区。产欧洲。

7. 小花蜜蜡花 *Cerinthe minor*

一二年生或多年生草本，株高 50～70 cm。叶互生，抱茎，近卵圆形，全缘，先端钝或略尖。小花黄色，上具紫色斑点。坚果。产欧洲。

紫草科 Boraginaceae

237

破布木属，全属 405 种。

8. 仙枝 *Cordia sebestena*

常绿小乔木，株高可达 9 m。叶卵形至心形，边全缘，绿色，具长柄。花较大，花瓣 6 片，橙色。核果。产美洲。

蓝蓟属，全属 67 种。

9 野蓝蓟 *Echium wildpretii*

二年生草本，株高可达 3 m。叶基生，莲座状，叶狭带形，先端尖，灰绿色，上具白色绒毛。圆锥花序高大，上密生多花，粉红色。坚果。

木紫草属，全属 6 种。

10a. '天蓝' 疏花木紫草
Glandora diffusa 'Heavenly Blue'

园艺品种。多年生垫状草本，株高 15 cm。叶互生，狭椭圆形，在茎顶近簇生，上密被白色绒毛，边缘具锯齿。小花蓝色，花瓣 5 片。坚果。

10b. '巅峰' 疏花木紫草
Glandora diffusa 'Picos'

11. 油橄榄叶状木紫草
Glandora oleifolia

常绿灌木，低矮，株高约15 cm。叶互生，椭圆形，先端钝圆或具小尖头，全缘，绿色。小花近钟状，蓝色。坚果。产欧洲比利牛斯山脉。

天芥菜属，全属 156 种。

12. '皇后' 南美天芥菜
Heliotropium arborescens
'The Queen'

园艺品种。多年生草本，株高 30~50 cm。叶片卵形或长圆状披针形，先端渐尖，基部宽楔形。镰状聚伞花序顶生，集为伞房状，花期密集，花冠淡紫色，芳香。核果。原种产南美洲秘鲁。

长柱琉璃草属，全属 4 种。

13. 长花长柱琉璃草
Lindelofia longiflora

多年生草本，丛生，株高 30~50 cm。叶互生，狭椭圆形，先端尖，基部抱茎，茎及叶具白色短棉毛。聚伞花序，小花蓝色。坚果。产喜马拉雅山地区。

紫草科 Boraginaceae

滨紫草属，全属 40 种。

14. 报春花滨紫草
Mertensia primuloides

多年生草本，株高 15~30 cm。基生叶丛生，卵形，茎生叶互生，叶长卵形至狭椭圆形，全缘，先端有小尖头。聚伞花序，多少悬垂，小花蓝色。坚果。产巴基斯坦、阿富汗等地。

240

弯果紫草属，全属 1 种。

15. 罗芙弯果紫草
Moltkia doerfleri

多年生草本，株高 30~40 cm。叶互生，狭椭圆形，先端尖，基部渐狭。聚伞花序，悬垂，小花蓝色。产阿尔巴尼亚及原南斯拉夫地区。

弯果紫草属，全属 2 种。

16. 岩生弯果紫草
Moltkia petraea

多年生草本，矮小，株高
45 cm。叶互生，狭披针形，全缘。
聚伞花序，弯垂，小花蓝紫色。
坚果。产巴基斯坦。

勿忘草属，全属 61 种。

17a. '蓝花矮' 森林勿忘草
Myosotis sylvatica

'Dwarf lndigo'

园艺品种。多年生草本，不
分枝，株高 15~30 cm。叶基生，
叶片倒卵状匙形，先端圆钝，边
缘有锯齿。聚伞花序，花冠钟形，
蓝色。蒴果。原种产欧洲。

17b. '粉西尔维亚' 森林勿忘草
Myosotis sylvatica

'Sylvia Rose'

滇紫草属，全属 77 种。

18. 金花岩生滇紫草
Onosma frutescens

多年生草本。单叶，互生，全缘，无柄，狭椭圆形。镰状聚伞花序单生茎顶，花黄色，筒状锥形。坚果。产欧洲。

肺草属，全属 15 种。

19. '斑叶树莓' 肺草
Pulmonaria 'Raspberry Splash'

园艺品种。多年生草本。茎不分枝，基生叶大；具叶柄；茎生叶互生，叶片上灰白色斑点。镰状聚伞花序，花小，蓝色至粉红色。坚果。

20. 红花肺草 *Pulmonaria rubra*

多年生草本，具长硬毛，株高 40 cm。基生叶大型，有长柄，茎生叶较小，叶椭圆形。镰状聚伞花序。花冠红色，花瓣 5 片。坚果。产欧洲。

21. 高加索聚合草

Symphytum caucasicum

多年生草本，有糙伏毛，株高 60 cm。叶椭圆形至倒卵形，具柄，边缘具浅锯齿。镰状聚伞花序，花紫色。坚果。产高加索。

22. 山地聚合草品种

Symphytum × uplandicum 'Moorland Heather'

园艺品种。多年生草本，有糙伏毛，株高 50 cm。叶椭圆形，叶柄具翅。镰状聚伞花序在茎的上部集成圆锥状，花紫色。坚果。

九一、旋花科 Convolvulaceae

草本、亚灌木或灌木，偶为乔木，偶有寄生。叶互生，螺旋排列，寄生种类无叶或退化成小鳞片；通常为单叶，全缘，或不同深度的掌状或羽状分裂，甚至全裂。花单生于叶腋，或少花至多花组成腋生聚伞花序，有时总状、圆锥状、伞形或头状花序，极少为二歧蝎尾状聚伞花序；花整齐，两性，5 数。蒴果，少为肉质浆果或坚果。广泛分布于热带、亚热带和温带。全科 67 属 1 296 种。

七爪金龙 *Ipomoea digitata*

多年生大型缠绕草本。叶掌状 5~7 裂，裂至中部以下但未达基部，裂片披针形或椭圆形，全缘或不规则波状。聚伞花序腋生，具少花至多花，花冠淡红色或紫红色，漏斗状。蒴果。产中国及越南。

九二、茄科 Solanaceae

草本、灌木、小乔木或攀缘藤本。叶互生，单生或对生，单一或羽状复叶。单花或簇生或伞形、圆锥式花序，稀总状花序。花两性，稀杂性，通常5数。蒴果。全球广布。全科115属2 678种。

鸳鸯茉莉属，全属4/种。

1. 夜香花 *Brunfelsia undulata*

灌木，株高4~6 m。也可长成小乔木。叶互生，椭圆形，全缘，绿色。花长管状，花瓣5片，边缘波状，白色，后渐变为浅黄色。花芳香。蒴果。产牙买加。

柏枝花属，全属15种。

2. 覆瓦柏枝花 *Fabiana imbricata*

常绿密生灌木，株高1 m。叶小，覆瓦状排列，针状，绿色，密生于枝上。花繁密，管状，白色或稍具淡粉色。蒴果。产南美洲。

悬铃果属，全属 23 种。

3. 长筒悬铃果　蓝花悬铃果

Iochroma cyaneum

常绿灌木，半直立，枝细长，株高 3 m。叶互生，椭圆形，叶柄长，全缘，绿色。花序腋生，花多，管状，深紫蓝色，花冠口开张。产南美洲。

4. 大花悬铃果

Iochroma grandiflorum

常绿灌木，茎柔弱，株高 3~4 m。叶大，椭圆形，全缘，绿色。花序腋生，花冠合生，管状，管口开张，蓝色。产厄瓜多尔。

棱瓶花属，全属 10 种。

5. 棱瓶花 *Juanulloa mexicana*

常绿灌木，直立，枝稀疏，株高 1.5 m。单叶互生，常聚生于枝顶，椭圆形，全缘，绿色，叶背面被毛。花序短，下垂，花萼及花瓣橙色，花萼宿存可达数周。产美洲及大洋洲。

红丝线属，全属 138 种。

6. 南茄 *Lycianthes rantonnei*

常绿灌木，枝稀疏，株高 2 m。叶互生，椭圆形，光滑，亮绿色，全缘。花腋生，蓝色，基部有黄眼斑。产美洲。

7. 巴塔哥尼亚碧冬茄

Petunia patagonica

多年生小灌木，平卧，株高30~50 cm。单叶，叶小，疏散互生，全缘，近无柄，绿色。单花顶生，花冠高脚碟状，5浅裂，浅黄色并密布堇紫色脉纹。蒴果。产阿根廷及智利。

8. '秋花'智利藤茄

Solanum crispum 'Glasnevin'

园艺品种。常绿或半常绿木质藤本，以蔓生茎攀缘，蔓长达6 m。叶线形至椭圆形，全缘，绿色。花淡紫色。浆果。原种产智利及秘鲁。

9. 垂管花 *Vestia foetida*

常绿灌木，直立，株高2 m。叶长方形，光滑，深绿色，全缘。花腋生，下垂，管状，黄色。产智利。

九三、水叶草科 Hydrophyllaceae

也称为田基麻科。一年生、多年生草本或亚灌木。叶基生或互生，稀对生，全缘或羽状裂，稀掌状裂；花小或显著，多花，二歧蝎尾状聚伞花序、聚伞花序或头状花序，或单生。花两性，花冠辐状、钟状或短漏斗状，常5裂。蒴果。全科22属，约300种。

水叶草属，全属10种。

1.弗吉尼亚水叶草

Hydrophyllum virginianum

草本，分枝少，株高30~50 cm。叶互生，羽状小叶3~5枚，边缘具锯齿。聚伞花序，花蓝色，紫色或白色。坚果。产美国东部。

沙铃花属，全属186种。

2.菊蒿叶沙铃花 蓝翅草

Phacelia tanacetifolia

多年生草本，株高可达1 m，茎具柔毛。叶轮廓三角状卵形，羽状二次分裂，小叶披针形，全缘。总状花序，花冠5片，淡蓝紫色；雄蕊极长，远远超出花冠。产美国西南部及北部墨西哥。

九四、木樨科 Oleaceae

乔木，直立或藤状灌木。叶对生，稀互生或轮生，单叶、三出复叶或羽状复叶，稀羽状分裂。花辐射对称，两性，稀单性或杂性，雌雄同株、异株或杂性异株，通常聚伞花序排列成圆锥花序，或为总状、伞状、头状花序，顶生或腋生，或聚伞花序簇生于叶腋，稀花单生；花冠4裂，有时多达12裂，稀无花冠。翅果、蒴果、核果、浆果或浆果状核果。广布于两半球的热带和温带地区。全科25属688种。

流苏树属，全属147种。

1. 流苏树 *Chionanthus retusus*

落叶灌木或乔木，株高可达20 m。叶片革质或薄革质，长圆形、椭圆形或圆形，有时卵形或倒卵形至倒卵状披针形。聚伞状圆锥花序，花冠白色，4深裂，裂片线状倒披针形。果椭圆形，被白粉。产中国、朝鲜、日本。

2. 美国流苏树

Chionanthus virginicus

落叶灌木或小乔木，株高可达4 m。叶大，长圆形，具光泽，暗绿色，全缘，秋季变为黄色。花序下垂，花芳香，花冠白色，4深裂。产美国。

梣属，全属 63 种。

3. 小叶梣 *Fraxinus bungeana*

落叶小乔木或灌木，株高
2~5 m。羽状复叶，小叶 5~7 枚，
硬纸质，阔卵形、菱形至卵状披
针形，顶生小叶与侧生小叶几等
大。圆锥花序顶生或腋生枝梢，
花冠白色至淡黄色，裂片线形。
坚果。产中国。

女贞属，全属 43 种。

4. 紫药女贞

Ligustrum delavayanum

灌木，株高 1~4 m。叶片薄
革质，椭圆形或卵状椭圆形，有
时为长圆状椭圆形或长圆状披针
形或披针形。圆锥花序花密集，常
近圆柱状，或有时仅具少数花而簇
生，花冠裂片常不反折；花药紫色。
蒴果椭圆形或球形。产中国。

丁香属，全属 13 种。

5. 亨利丁香 *Syringa × henryi*

杂交种。落叶灌木，株高
3~4 m。叶薄革质，卵形，先端
尖，全缘，绿色。圆锥花序，花
冠紫色。蒴果。

木樨科 Oleaceae

249

6. 西蜀丁香 *Syringa komarowii*

灌木，株高 1.5~6 m。叶片卵状长圆形至长圆状披针形，或为椭圆形、宽椭圆形至椭圆状倒卵形。圆锥花序，微下垂至下垂，紧缩或疏展，长圆柱形至塔形；花冠外面紫红色、红色或淡紫色，内面白色或带白色，呈漏斗状。蒴果长椭圆形。产中国。

九五、荷包花科 Calceolariaceae

多年生草本或灌木，叶对生或轮生，全缘或羽状分裂。花冠不整齐，2 裂达基部，上唇较小，下唇较大。蒴果。产美洲。全科 4 属 281 种。

荷包花属，全属 277 种。

1. 双花荷包花 *Calceolaria biflora*

多年生草本，株高 15~25 cm。叶基生，莲座状，卵圆形，绿色，具短绒毛。花茎远高出叶面，一般着花 2 朵，上唇较小，下唇大，兜状，黄色，基部具紫色斑点。蒴果。产阿根廷及智利。

2. 红斑荷包花
Calceolaria fothergillii

多年生常绿草本，丛生，株高 12 cm。叶莲座状，圆形，绿色。花单生，袋状，硫黄色，具绯红色斑点。蒴果。产美洲南部。

3. 棉毛荷包花
Calceolaria lanigera

多年生草本，贴地生长。叶莲座状，基生，卵圆形，上密被白色绒毛，茎生叶较小。花茎具分枝，着花数十朵，粉色。蒴果。产智利。

4. 多叶荷包花
Calceolaria pallida

多年生草本，丛生，株高 15 cm。茎生叶对生，狭椭圆形，边缘具齿。花茎高出叶面，具分枝，着花十余朵，花黄色。蒴果。产智利。

5. 针叶荷包花 *Calceolaria pinifolia*

多年生草本，丛生，株高
20 cm。叶纤细，针状，全缘。
花茎高出叶面，着花十余朵；花
黄色，基部带黄褐色斑点。蒴果。
产智利。

6. 多根荷包花 *Calceolaria polyrhiza*

多年生草本，丛生，株高
15 cm。叶基生，椭圆形，全缘，
绿色。花茎高出叶面，单一生。
花黄色，基部带紫色斑点。蒴果。
产南美洲。

茶杯花属，全属2种。

7. 茶杯花 *Jovellana punctata*

常绿灌木，株高1.5 m。叶
椭圆形，边缘具粗锯齿，叶脉明
显，绿色。小花浅紫色，上下唇
近等大，花瓣上密布紫色斑点，
下唇前端具黄斑。蒴果。产智利。

8. 淡紫茶杯花 *Jovellana violacea*

常绿灌木，株高 1.5 m。叶轮廓椭圆形，边缘浅裂，绿色。小花淡粉色，上下唇近等大，花瓣上具紫色斑点；下唇中部具一大块到底部的黄色斑块。蒴果。产智利。

九六、苦苣苔科 Gesneriaceae

多年生草本，常具根状茎、块茎或匍匐茎，或为灌木，稀为乔木、一年生草本或藤本，陆生或附生。叶为单叶，稀羽状分裂或为羽状复叶，对生或轮生，或基生成簇，稀互生。花序通常为双花聚伞花序，或为单歧聚伞花序，稀为总状花序；花两性，通常左右对称，较少辐射对称。通常为蒴果，稀为浆果。分布于亚洲、非洲、欧洲南部、大洋洲、南美洲及墨西哥的热带至温带地区。全科 164 属 3 122 种。

长筒花属，全属 26 种。

1a. '蓝星'长筒花

***Achimenes* 'Blue Stars'**

园艺品种。多年生草本，灌木状，株高 25 cm。叶卵形，具锯齿。花大，漏斗形，深粉红色，具黄色眼状斑。

1b. '黄石'长筒花
***Achimenes* 'Clouded Yellow Stone'**

1c. '希尔达'长筒花
***Achimenes* 'Hilda michelssen'**

253

1d. '小丽人' 长筒花 *Achimenes* 'Little Beauty'

1e. '美艳' 长筒花 *Achimenes* 'Vivid'

芒毛苣苔属，全属 194 种。

2. 条叶芒毛苣苔

Aeschynanthus linearifolius

小灌木。茎长约 50 cm。叶对生，无毛；叶片革质，线状倒披针形或狭倒披针形。花序腋生，有 1~4 朵花，苞片及花冠均为红色。蒴果线形。产中国、印度。

3. 雄伟芒毛苣苔

Aeschynanthus magnificus

常绿灌木。叶对生，椭圆形，全缘，先端渐尖，绿色。花腋生，苞片褐色，花冠管褐红色。蒴果。产沙捞越。

4. 口红花 *Aeschynanthus parvifolius*

多年生常绿草本，攀缘或蔓生。叶厚，卵形。花小，筒状，弯曲，亮红色，喉部黄色。蒴果。产马来西亚。

5. 锡金芒毛苣苔

Aeschynanthus sikkimensis

多年生常绿草本，蔓生。叶对生，宽披针形，先端渐尖，基部渐狭，绿色。花筒状，弯曲，红色。蒴果。产喜马拉雅。

鲸鱼花属，全属 195 种。

6. 琥珀鲸鱼花 *Columnea schiedeana*

多年生灌木，攀缘。叶对生，椭圆形，先端尖，基部楔形；叶面绿色，背面紫红色。花腋生，花冠管密被绒毛，琥珀色，上具紫红色条纹及斑块，萼宿存。蒴果。产墨西哥。

苦苣苔属，全属 1 种。

7. 苦苣苔 *Conandron ramondioides*

多年生草本。叶 1~2（~3）枚，叶片草质或薄纸质，椭圆形或椭圆状卵形。聚伞花序 1 个，二至三回分枝，有 6~23 朵花。花冠紫色，裂片 5 片。蒴果。产中国及日本。

彩苞岩桐属，全属 75 种。

8. 毛彩苞岩桐 *Drymonia strigosa*

多年生常绿灌木。叶大，对生，椭圆形，绿色，边缘具浅齿。花腋生，萼片显著，粉红色；花管状，黄色，伸出萼片外，萼片宿存。蒴果。

喉凸苣苔属，全属 1 种。

9. 喉凸苣苔 *Haberlea rhodopensis*

草本，株高 15 cm。叶莲座状，椭圆形，边缘具粗锯齿，绿色。聚伞花序，花紫色。蒴果。产巴尔干。

9a. '康妮戴维森' 喉凸苣苔 *Haberlea rhodopensis* 'Connie Davidson'

10. '宝石红'艳斑岩桐

Kohleria 'Ruby Red'

园艺品种。多年生草本。叶卵圆形，密布白色绒毛。叶面常具古铜色。花管状，花紫红色，花瓣密布紫色斑点。

11. 绯红蔓岩桐 *Mitraria coccinea*

多年生攀缘灌木，长可达 2 m。叶椭圆形，边缘具疏齿，绿色。花单生于叶腋，花红色，花冠管中部膨大。蒴果。产智利及阿根廷。

12. 欧洲苣苔 *Ramonda myconi*

多年生常绿草本，株高 10 cm。叶莲座状，椭圆形，具毛，皱褶，边缘具锯齿。花扁平，蓝紫色、粉红色或白色。蒴果。产欧洲。

13. 纹木岩桐

Rhabdothamnus solandri

多年生灌木，株高可达 2 m。叶圆形，边缘具重锯齿，叶面具短绒毛，淡绿色，背面银白色。花单生于叶腋，花梗长，花橙黄色，上有红色纵纹。产新西兰。

苦苣苔科 Gesneriaceae

257

海角苣苔属，全属 134 种。

14. 腺毛海角苣苔

Streptocarpus glandulosissimus

多年生亚灌木，株高可达
50 cm。叶对生，卵圆形，先端尖，
基部浅心形，上密被银白色绒毛。
花梗细长，腋生，冠筒细长，花
瓣 5 片，蓝色。蒴果。产非洲。

15a. '梅奈'海角苣苔

Streptocarpus 'Menai'

园艺品种。多年生草本，株
高 20 cm。叶大，基生，椭圆形，
绿色，具浅齿。聚伞花序，直立，
花冠筒细长，近白色，花瓣紫红
色。蒴果。

15b. '紫网点'海角苣苔 *Streptocarpus* 'Polka-Dot Purple'

15c. '紫绒'海角苣苔 *Streptocarpus* 'Purple Velvet'

15d. '瑞贝卡'海角苣苔 *Streptocarpus* 'Rebecca'

16. 海角苣苔 *Streptocarpus rexii*

无茎草本，通常附生，株高 15 cm。叶大，宽带形，皱褶，边缘具齿，并有大量绒毛。花茎纤细，花瓣蓝色。蒴果。产非洲。

九七、车前科 Plantaginaceae

一二年生、多年生草本或灌木，少乔木。叶互生、对生、轮生。花序总状、穗状或聚伞状。花 5 或 4 基数，花冠 4~5 片。蒴果，少有浆果状。全科 120 属 1 614 种。

蔓金鱼草属，全属 1 种。

1. 蔓金鱼草　腋花金鱼草
Asarina procumbens

多年生半常绿草本，茎蔓生，株高 1~2.5 cm。叶柔软，心形，具白色绒毛，边缘具圆齿。花管状，淡乳白色，具黄色萼。蒴果。

毛彩雀属，全属 25 种。

2. 砾生毛彩雀
Chaenorhinum glareosum

多年生草本，株高 10~20 cm。叶小，对生，卵形，全缘，上密被短绒毛。总状花序，花密集，蓝紫色，上唇具紫色纵纹。蒴果。产西班牙。

259

3. 牛至叶毛彩雀

Chaenorhinum origanifolium

多年生草本，伏地生长，株高35~50 cm。叶小，倒披针形至卵圆形，绿色，全缘，具短绒毛。总状花序，花淡蓝紫色或淡粉色。蒴果。

蔓柳穿鱼属，全属 10 种。

4. 蔓柳穿鱼　铙钹花

Cymbalaria muralis

多年生草本，枝条伸展，株高 5 cm。叶小，常春藤状，淡绿色。花小，密集，管状，淡紫色、白色。蒴果。

狐地黄属，全属 2 种。

5. 狐地黄 ***Erinus alpinus***

多年生半常绿草本，株高5~10 cm。叶绿色，柔软，莲座状丛生，茎生叶及基生叶同型，具绒毛，边缘具齿。花小，紫色、粉红色或白色。蒴果。产欧洲。

5a. '欧洲之巅' 狐地黄

Erinus alpinus
'Picos de Europa'

地团花属，全属 31 种。

6. 心叶地团花 *Globularia cordifolia*

常绿矮小灌木，垫状，茎蔓生，木质。株高 3~5 cm。叶小，匙形，绿色。头状花序，花球形，蓝色至淡蓝色、紫色。产欧洲。

7. 平卧地团花

Globularia meridionalis

常绿亚灌木，植株半球形，株高 10 cm。叶基生，椭圆形，全缘，光滑无毛。花球状，柔软，淡紫色至紫色，单生。产欧洲至俄罗斯。

261

8. 刺叶地团花 *Globularia spinosa*

多年生亚灌木，株高 35 cm。基生叶与茎生叶同型，椭圆形，边缘具尖刺或无，绿色。头状花序，淡蓝色。产西班牙。

长阶花属，全属 13 种。

9. 阿拉尼长阶花　*Hebe allanii*

常绿灌木，株高 25~50 cm。叶对生，椭圆形，绿色，全缘，具白色绒毛。花腋生，穗状花序，小花白色，萼片红色，花药紫色。蒴果。产新西兰。

10. 粉绿长阶花
Hebe glaucophylla

常绿灌木，株高可达 1 m。叶对生，长椭圆形，全缘，绿色。穗状花序，腋生，萼片淡绿色，花白色。蒴果。产新西兰。

11. 光叶长阶花　*Hebe pinguifolia*

常绿灌木，半匍匐状，株高 60~100 cm。叶对生，椭圆形或浅杯形，密被白粉，灰绿色。穗状花序，花小，白色。蒴果。产新西兰。

车前科 Plantaginaceae

12. '梦幻粉' 长阶花
***Hebe* 'Pink Fantasy'**

园艺品种。常绿灌木，直立，株高 50 cm。叶椭圆形，中脉红色，全缘。穗状花序，粉色。蒴果。

木地黄属，全属 1 种。

13. 等裂毛地黄 *Isoplexis canariensis*

常绿灌木，枝稀疏，株高 1 m。叶长椭圆形，绿色，具细锯齿。穗状花序，直立，花密集，黄色、红色或褐黄色。蒴果。产加那利群岛。

匍地梅属，全属 16 种。

14. 绯红匍地梅 *Ourisia coccinea*

多年生草本，株高 60 cm。叶基生，卵形，绿色，边缘波状，有锯齿。花数朵着生于茎顶，花冠合生，管状，红色。产智利。

15. '埃维湾'匍地梅
***Ourisia* 'Loch Ewe'**

园艺品种。多年生草本，株高 50 cm。叶卵圆形，绿色，具锯齿。花粉红色。

钓钟柳属，全属 301 种。

16. 卡德威尔钓钟柳
Penstemon cardwellii

小灌木，铺地生长。叶圆形，互生，绿色，叶柄短，具锯齿。花着生于茎顶，蓝紫色。产北美洲。

17. 合生钓钟柳
Penstemon clevelandii
subsp. *connatus*

多年生草本，株高可达 1 m。叶对生，无柄，三角形，边缘具锐齿。穗状花序，花粉红色。产北美洲。

18. 密生钓钟柳 乳黄蔓钓钟柳
Penstemon confertus

多年生半常绿草本，丛生，株高 45 cm。叶对生，长椭圆形，绿色，边缘具细锯齿。穗状花序，小花乳黄色。产北美洲。

19. 爆竹钓钟柳

Penstemon eatonii

多年生草本，株高可达 1 m。基生叶与茎生叶同型，茎生叶对生，叶矛状或长椭圆形，绿色，全缘。穗状花序，花冠管合生，细小，爆竹状，红色。产美国。

20. 紫花灌木钓钟柳

Penstemon fruticosus

var. scouleri

常绿亚灌木，茎基部木质化，株高 15~30 cm。叶披针形至椭圆形，具锯齿。花管状，唇形，花浅紫色。产美国。

21. 艳红钓钟柳

Penstemon hartwegii

多年生半常绿草本，直立，株高 60 cm 以上。叶对生，披针形，亮绿色，全缘。花管状至钟状，鲜红色。产墨西哥。

22. 山钓钟柳

Penstemon newberryi

常绿灌木，丛生，株高 15~20 cm。叶小，椭圆形，革质，深绿色，具锯齿。花簇生，管状，唇形，深玫瑰红色。产北美洲。

23. 长枝钓钟柳变种 *Penstemon procerus* var. *tolmiei*

多年生半常绿草本，株高50 cm。叶椭圆形至披针形，绿色，全缘。穗状花序，花管状，淡蓝紫色。产美国。

车前属，全属 158 种。

24. 北车前 *Plantago media*

多年生草本。叶片纸质或厚纸质，椭圆形、长椭圆形、卵形或倒卵形。花序通常 2~3 个；穗状花序，花冠银白色，冠筒约与萼片等长。蒴果。产中国、欧洲至亚洲中部及北部。

缠柄花属，全属 4 种。

25. 缠柄花 紫钟藤

Rhodochiton trosanguineum

常绿藤本，以叶柄攀缘，株高 3 m。常作一年生栽培，叶具锯齿。花管状，黑紫色；花萼钟状，红紫色。产墨西哥。

26. 灌木婆婆纳
Veronica fruticans

落叶亚灌木，直立至匍匐状，株高 15 cm。叶椭圆形，绿色，全缘。穗状花序，花小，浅碟状，鲜蓝色，小花具红眼斑。蒴果。产欧洲及亚洲。

27. 龙胆状婆婆纳
Veronica gentianoides

多年生草本，匍地状，株高 45 cm。叶基生，长椭圆形，具光泽，全缘。穗状花序，顶生，花淡蓝色。蒴果。产欧洲及亚洲。

28. 白兔儿尾苗 *Veronica incana*

草本，植株全体密被白色棉毛。茎直立或上升。叶对生，矩圆形至椭圆形，上部的有时互生，常为宽条形。花序长穗状，花冠蓝色、蓝紫色或白色。蒴果。产中国东北，欧洲至俄罗斯西伯利亚地区也有。

29. 土耳其婆婆纳

Veronica liwanensis

多年生草本，株高 3~5 cm。叶小，卵圆形，绿色，边缘具锯齿。花小，蓝色。蒴果。产土耳其。

30. 长穗婆婆纳

Veronica macrostachya

多年生草本，株高 5~30 cm，基部木质化。叶卵形，狭椭圆形至倒披针形。总状花序，花冠蓝色、紫色、粉红色或白色。蒴果。产地中海及土耳其。

车前科 Plantaginaceae

31. 穿叶婆婆纳

Veronica perfoliata

常绿亚灌木，茎柔弱，株高 45~60 cm。叶革质，近心形，基出脉，被白粉，抱茎而生。花序长，美丽，具分枝，弯垂，花蓝色。蒴果。产澳大利亚。

32. 平卧婆婆纳

Veronica prostrata

多年生草本，丛生，株高 30 cm。密集生长，叶狭卵形，边缘具锯齿，全缘。穗状花序直立，花小，碟状，亮蓝色。产欧洲。

九八、玄参科 Scrophulariaceae

草本、灌木或少有乔木。叶互生，下部对生而上部互生，或全对生，或轮生。花序总状、穗状或聚伞状，常合成圆锥花序。花常不整齐；花冠 4~5 裂，裂片多少不等或作二唇形；蒴果，少有浆果状。广布全球各地。全科 76 属 1 576 种。

醉鱼草属，全属 141 种。

1. 大花醉鱼草 *Buddleja colvilei*

灌木或小乔木，株高 2~6 m。叶对生，纸质，长圆形或椭圆状披针形。花较大，圆锥状聚伞花序。花冠紫红色或深红色，花冠管圆筒状钟形。蒴果。产中国、印度、尼泊尔及不丹。

2. 球花醉鱼草 *Buddleja globosa*

半常绿灌木，株形开展，株高约 3 m。叶纸质，长圆形，暗绿色，表面皱，边缘具细锯齿。聚伞花序顶生，花橙黄色，簇生成球状，芳香。蒴果。产阿根廷及智利。

双距花属，全属 68 种。

3. 双距花 *Diascia barberae*

一年生草本，茎直立，具分枝，四棱，株高 20~40 cm。叶对生，三角形，先端狭，基部渐宽，全缘，具稀疏锯齿。总状花序，花冠二唇形，粉红、玫红等色，双距。原产非洲。

喜沙木属，全属 214 种。

4. 光秃喜沙木 *Eremophila glabra*

灌木，株高可达 3 m。叶互生，椭圆形，叶面具短绒毛，全缘，银灰色。花腋生，花管状，二唇形，红色。蒴果。产澳大利亚。

玄参属，全属 86 种。

5. 接骨木叶玄参

Scrophularia sambucifolia

多年生草本，株高可达 80 cm。羽状复叶，接骨草叶状，小叶椭圆形，边缘具锯齿，绿色。花小，淡紫红色，内面绿色。蒴果。产欧洲。

毛蕊花属，全属 116 种。

6. 灌状毛蕊花

Verbascum dumulosum

多年生常绿草本，丛生，灌木状，株高 15~30 cm。叶椭圆形，边缘具不明显钝齿，被绒毛，灰绿色。总状花序短，花瓣 5 片，亮黄色。蒴果。

红蕾花属，全属 59 种。

7. 红蕾花 *Zaluzianskya ovata*

常绿多年生草本，丛生，株高 25 cm 左右，具分枝。叶卵圆形，具锯齿，灰绿色。花序顶生，花瓣 5 片，2 裂，正面白色，背面紫红色。产非洲温带。

九九、唇形科 Lamiaceae

草本，有时亚灌木或灌木，一年生或多年生，通常芳香。叶对生，少轮生及互生。花单生于叶腋，或 2 朵至多花轮生。坚果。世界各地广布，以地中海及亚洲西南部为分布中心。全科 245 属 7 886 种。

青兰属，全属 74 种。

1. 垂花青兰

Dracocephalum nutans

草本。茎单一或多数，不分枝或基部具少数分枝。基生叶及茎下部叶具长柄，叶片通常较叶柄长，卵形或长卵形。轮伞花序生于茎中部以上的叶腋，具 8~12 朵花；花冠蓝紫色。产中国，自俄罗斯西伯利亚至东欧，南延至克什米尔地区也有。

野芝麻属，全属 25 种。

2. 花叶野芝麻

Lamium galeobdolon

多年生半常绿草本，株高
30 cm。叶卵形，绿色，有银色
斑点，边缘有锯齿。总状花序，
花管状，二唇形，柠檬黄色，具
绒毛。坚果。产欧洲及亚洲。

3. 紫花野芝麻

Lamium maculatum

草本，茎高 30~50 cm，四
棱形。叶卵圆形，边缘具粗锯齿。
轮伞花序，具 8~12 朵花。花冠
暗紫色，外面被疏柔毛，冠檐二
唇形。坚果。产中国甘肃。

3a. '沃顿粉' 紫花野芝麻

Lamium maculatum
'Wootton Pink'

园艺品种。花淡粉色。

4. 贵野芝麻 *Lamium orvala*

多年生草本，丛生，株高
30 cm。叶卵圆形，叶脉明显，
具粗锯齿，绿色，有时中间有白
色条纹。花粉红色或紫粉红色。
坚果。产中亚及东欧。

薰衣草属，全属 47 种。

5. 法国薰衣草　西班牙薰衣草
Lavandula stoechas

常绿灌木，丛生，株高 1.5 m。叶绿色，线形，成年叶银灰色。头状花序，花小，深紫色，芳香，苞片玫瑰紫色。坚果。产地中海地区。

异香草属，全属 1 种。

6.'天鹅绒'异香草
Melittis melissophyllum
'Royal Velvet Distinction'

园艺品种。多年生草本，直立，株高 30 cm。叶卵形，具粗锯齿，粗糙，绿色。花白色，下唇紫色，生于叶腋。坚果。产撒丁岛至土耳其地中海东部。

荆芥属，全属 251 种。

7. 康藏荆芥 _Nepeta prattii_

多年生草本。茎高 70~90 cm，四棱形。叶卵状披针形、宽披针形至披针形。轮伞花序，顶部的 3~6 朵密集成穗状，多花而紧密。花冠紫色或蓝色，冠檐二唇形。坚果。产中国。

273

8. 总花猫薄荷 *Nepeta racemosa*

多年生草本，株高 30~50 cm。叶卵圆形，绿色至暗绿色，边缘具齿。轮伞花序，小花紫色，繁密。坚果。产高加索地区、土耳其及伊朗。

糙苏属，全属 113 种。

9. 黄叶糙苏 *Phlomis chrysophylla*

常绿灌木，多分枝，株高 1 m。叶卵形，幼时灰绿色，渐变为黄绿色。轮伞花序，花二唇形，金黄色。坚果。产黎巴嫩。

10. 橙花糙苏

Phlomis fruticosa

多年生草本，株高 25~45 cm。茎木质，上部的叶卵形，基部的叶圆楔形，上面灰绿色，具皱纹，密被单毛及星状疏柔毛。轮伞花序 1~2 个生于茎顶部，具 10~15 朵花；花冠橙色，上唇较下唇短。坚果。原产地中海经巴尔干半岛、西亚至俄罗斯。

11. 棉毛糙苏 *Phlomis lanata*

多年生灌木，株高 30~60 cm。叶椭圆形，灰绿色，具棉毛。轮伞花序，花二唇形，黄色。坚果。产克里特岛。

12. 长叶糙苏 *Phlomis longifolia*

常绿灌木，株高 1.2 m。叶长椭圆形，亮绿色，叶脉深凹，叶面具糙毛。轮伞花序，花二唇形，深黄色。坚果。产土耳其、叙利亚、黎巴嫩。

13. 利西亚糙苏　灰毛糙苏
Phlomis lycia

灌木，株高 1~1.5 m。叶缘有浅锯齿，具灰色毡状绒毛。穗状花序，有花 1~2 轮，黄色。坚果。产土耳其。

14. 紫花糙苏 *Phlomis purpurea*

直立灌木，株高 40~60 cm。叶绿色，矛状，革质，粗糙，有细齿。轮伞花序，花二唇形，紫色。坚果。产葡萄牙及西班牙。

15. '亚马孙' 块根糙苏
Phlomis tuberosa 'Amazone'

园艺品种。多年生直立草本，株高 0.4~1.5 m，茎红色。叶三角形或近菱形，先端尖，边缘具齿，叶薄质。轮伞花序密生，花二唇形，外花瓣密被星状绒毛，花淡紫色。坚果。原种产欧洲及亚洲。

马刺花属，全属 325 种。

16. 祖鲁香茶菜

Plectranthus zuluensis

直立或蔓生灌木，株高 2 m，多分枝，茎四棱形。叶卵圆形，具粗齿，绿色。圆锥状花序顶生，小花轮生，淡蓝色至蓝色。坚果。产南部非洲。

木薄荷属，全属 92 种。

17. 楔叶木薄荷　高山木薄荷

Prostanthera cuneata

灌木，株形密集，芳香，株高约 1 m。叶小，密集，卵形，质厚，具油腺点。花大，白色或浅紫红色，花管颈处有紫色斑点。坚果。产澳大利亚。

276

18. 卵叶木薄荷

Prostanthera ovalifolia

常绿灌木，丛生，株高 3 m。叶长卵形，具甜香味，全缘。总状花序短，花二唇形，杯状，紫红色。坚果。产澳大利亚。

18a. '花叶'椭圆叶木薄荷

Prostanthera ovalifolia 'Variegata'

鼠尾草属，全属986种。

19. 樱桃鼠尾草 *Salvia greggii*

多年生草本，株高0.3~1.2 m。叶椭圆形，对生，绿色，具辛辣的香味。总状花序，花白色、粉红至紫色。坚果。产美国。

20. 药鼠尾草 *Salvia officinalis*

多年生草本。茎直立，基部木质，四棱形。叶片长圆形或椭圆形或卵圆形。轮伞花序，具2~18朵花，组成顶生的总状花序；花冠紫色或蓝色，冠檐二唇形，上唇直伸呈倒卵圆形，下唇宽大。坚果。原产欧洲。

21a. '剑桥蓝' 龙胆鼠尾草
Salvia patens 'Cambridge Blue'

园艺品种。多年生草本，直立，株高45~60 cm，茎具分枝。叶近戟形，绿色，边缘具细齿。总状花序，松散，顶生，花成对，淡蓝色。坚果。原种产墨西哥。

21b. '冰粉' 龙胆鼠尾草
Salvia patens 'Pink Ice'

黄芩属，全属 468 种。

22. 盔状黄芩
Scutellaria galericulata

多年生草本。茎直立，锐四棱形。叶片长圆状披针形，茎下部者较大，向茎顶渐变小。花单生于茎中部以上叶腋内，一侧向。花冠紫色、紫蓝至蓝色，冠檐二唇形。坚果。产中国，欧洲各国、俄罗斯、蒙古、日本也有。

水苏属，全属 375 种。

23. 柠檬水苏 *Stachys citrina*

多年生草本植物，株高 20~30 cm。叶椭圆形，粗糙，边缘具齿，灰绿色。轮伞花序组成穗状花序，小花黄色。坚果。产希腊及土耳其。

24. 薰衣草花色水苏
Stachys lavandulifolia

多年生植物，株高 30 cm。叶椭圆形，先端尖，基部楔形，具绒毛。穗状花序，萼片星状，上具长绒毛，花紫色。坚果。产亚细亚及高加索。

唇形科 Lamiaceae

25. 岩生水苏 *Stachys saxicola*

多年生草本，铺散，株高20~30 cm。叶圆形，先端圆钝，基部近心形，边缘具齿，密被细绒毛。穗状花序，小花白色。坚果。产非洲南部。

百里香属，全属315种。

26. 罗芙百里香 *Thymus doerfleri*

多年生植物，株高不足30 cm，铺地，叶具柠檬香味。叶小，全缘，上密布绒毛。轮伞花序排成穗状花序，小花紫色。坚果。产阿尔巴尼亚。

27. 白毛百里香
Thymus leucotrichus

常绿亚灌木，株高 10~12 cm，茎纤细，有香气。叶窄，被白毛，全缘。头状花序，花小，淡红色至紫色，苞片紫色。产希腊及土耳其。

28. 异株百里香

Thymus marschallianus

半灌木。茎短，近直立或斜上升。叶长圆状椭圆形或线状长圆形。轮伞花序沿着花枝的上部排成间断或近连续的穗状花序；两性花、雌花异株，两性花发育正常，雌性花退化，花冠较短小。花冠红紫色或紫色，也有白色。坚果。产中国新疆，俄罗斯也有。

29. 匈牙利百里香

Thymus pannonicus

多年生草本，株高 20 cm。叶小，椭圆形，全缘，具白色绒毛。头状花序，小花紫红色。坚果。产欧洲及俄罗斯。

30. 普通百里香 *Thymus vulgaris*

多年生半灌木，株高 15~30 cm。叶小，全缘，绿色，具短绒毛。穗状花序，小花白色至淡粉色。坚果。产欧洲。

一〇〇、透骨草科 Phrymaceae

一年生或多年生草本、亚灌木或灌木，茎直立或匍匐。单叶对生，叶边缘有锯齿或全缘。单花或顶生总状花序、聚伞花序；花冠合生，管状或圆筒状，二唇形。瘦果、蒴果或浆果状。世界广布，主产澳大利亚及北美洲。全科 10 属 199 种。

狗面花属，全属 155 种。

1. 柔毛狗面花

Mimulus aurantiacus
var. *pubescens*

常绿灌木，叶披针形，株高60~80 cm。叶长椭圆形，具光泽，浓绿色，叶及茎上具白色短绒毛，叶边缘具细锯齿。花冠合生，管状，花金黄色。蒴果。产美国。

2. 红花狗面花 *Mimulus cardinalis*

多年生草本，株高50~70 cm。叶椭圆形，基出脉，边缘具锯齿，绿色。花序顶生，花冠合生，管状，花红色。蒴果。产北美洲。

透骨草科 Phrymaceae

281

3. 铜色狗面花

Mimulus cupreus

二年生或多年生草本，株高15~30 cm。叶卵形，边缘具锯齿，绿色并具铜红色。花冠合生，铜红色。蒴果。产阿根廷及智利。

4. 弗莱明狗面花

Mimulus flemingii

灌木，株高可达 1 m。叶椭圆形，有疏浅齿，绿色。花冠合生，管状，花冠管红色，顶部橙红色。蒴果。产美国。

5. 斑花狗面花 *Mimulus guttatus*

多年生草本，铺地生长，株高 60 cm。叶卵形，粗糙，具深锯齿或浅齿，绿色。花金鱼草状，亮黄色，浅裂，具红褐色斑点。蒴果。产美国。

6. 长花狗面花

Mimulus longiflorus

多年生草本，株高可达 60 cm。叶椭圆状披针形，叶边缘具浅齿或近全缘，上密布白色长绒毛。花冠合生，管状，浅黄色。蒴果。产美国。

7. 智利猴面花

Mimulus naiandinus

多年生草本，株高 15~25 cm。叶三角形至卵形，边缘具齿，无柄，粗糙。花冠合生，二唇裂，花粉红色，具紫色斑点。蒴果。产智利。

8. 猴面花 *Mimulus × hybridus*

杂交种。多年生草本，多作一年生栽培，株高 30~40 cm。叶交互对生，宽卵圆形，边缘具齿。稀疏总状花序，不明显二唇状，上唇 2 裂，下唇 3 裂，花冠黄色、白色、粉红、红色等。蒴果。

一〇一、泡桐科 Paulowniaceae

直立、攀缘或藤状灌木、落叶乔木，或为半附生的假藤本，或为寄生的灌木。叶对生，生长旺盛的新枝上有时 3 枚轮生。花单生或成对，聚伞花序、总状花序。蒴果。产中国、缅甸、尼泊尔、马来西亚、印度、不丹等地。全科 4 属 20 种。

泡桐属，全属 7 种。

1. 台湾泡桐

Paulownia kawakamii

小乔木，株高 6~12 m，树冠伞形。叶片心脏形，顶端锐尖头，全缘或 3~5 裂或有角。花序宽大圆锥形，长可达 1 m，小聚伞花序常具花 3 朵，花冠近钟形，浅紫色至蓝紫色，檐部二唇形。蒴果。产中国。

2. 毛泡桐 *Paulownia tomentosa*

乔木，株高达 20 m，树冠宽大伞形。叶片心脏形，顶端锐尖头，全缘或波状浅裂。花序为金字塔形或狭圆锥形，小聚伞花序具花 3~5 朵；花冠紫色，漏斗状钟形，檐部二唇形。蒴果。产中国。

一〇二、列当科 Orobanchaceae

一年生或多年生草本，少灌木。大部分为寄生或半寄生，茎常不分枝，少有分枝。叶多螺旋状排列。花两性，总状或穗状花序，或簇生于茎端成近头状花序，少单花。产温带欧亚大陆、北美洲、南美洲、大洋洲及非洲。全科 89 属 1 613 种。

火焰草属，全属 204 种。

1. 松林火焰草

Castilleja applegatei subsp. *pinetorum*

多年生草本，株高 30~60 cm。叶互生，披针形，全缘，平行脉，全缘。花序顶生，穗状花序，小花红色。产美国。

鼻花属，全属 34 种。

2. 鼻花 *Rhinanthus glaber*

草本，植株直立，株高 15~60 cm。叶无柄，条形至条状披针形，叶缘有规则的三角状锯齿。花冠黄色，下唇贴于上唇。蒴果。产中国、欧洲至俄罗斯西伯利亚。

一〇三、狸藻科 Lentibulariaceae

一年生或多年生食虫草本，陆生、附生或水生。茎及分枝常变态成根状茎、匍匐枝、叶器和假根。仅捕虫堇属和旋刺草属具叶，其余无真叶而具叶器。除捕虫堇属外均有捕虫囊。花单生或排成总状花序；花两性，虫媒或闭花受精。花冠合生，檐部二唇形。蒴果。分布于全球大部分地区。全科 4 属 312 种。

狸藻属，全属 218 种。

大肾叶狸藻

Utricularia reniformis

湿生食虫草本植物，株高 15~30 cm。叶肾形，绿色，全缘。花二唇形，浅紫色，喉凸隆起呈浅囊状，上有 2 条橙色条纹。蒴果。产巴西。

一〇四、爵床科 Acanthaceae

草本、亚灌木、灌木、攀缘藤本，很少小乔木。叶对生，稀互生。花两性，总状花序、穗状花序、聚伞花序或头状花序，有时单生或簇生；苞片通常较大；花冠合瓣，具冠管。主要产泛热带及亚热带，有少数种类产温带地区。全科 242 属 3 947 种。

老鼠簕属，全属 29 种。

1. 叙利亚老鼠簕

Acanthus syriacus

多年生植物，株高 50 cm。叶对生，羽状分裂，具刺。穗状花序顶生，花冠二唇形，下唇 3 裂。花淡紫色。蒴果。产地中海、叙利亚、希腊等地。

286

单药花属，全属 196 种。

2. 黄花单药花 *Aphelandra flava*

　　多年生草本，株高可达
1 m。叶大，椭圆形，叶面皱褶，
边全缘。穗状花序顶生，小花黄
色，苞片近红色，塔状。产美洲。

逐马蓝属，全属 16 种。

3. 逐马蓝 *Brillantaisia owariensis*

　　亚灌木，株高 30~50 cm。
叶对生，暗绿色，皱褶，边缘具
锯齿；叶柄长，具翅。花序对生
于花枝上，蓝色，二唇形。蒴果。
产热带非洲。

爵床属，全属 652 种。

4. 烟火花 *Justicia scheidweileri*

　　多年生草本，株高 20 cm。
叶长椭圆形，全缘，绿色，叶脉
白色。穗状花序，小花蓝紫色，
苞片红色。蒴果。产巴西。

金苞花属，全属 12 种。

5. 绯红珊瑚花

Pachystachys coccinea

亚灌木，株高可达 1.5 m。单叶对生，叶大，椭圆形，叶柄长，全缘。穗状花序顶生，苞片绿色，花繁密，绯红色。蒴果。产印度及美洲。

金羽花属，全属 8 种。

6. 白金羽花 *Schaueria flavicoma*

亚灌木，株高 60~90 cm。叶对生，倒卵形，先端渐尖，全缘。圆锥花序顶生，萼裂片细长如丝，宿存，小花黄色。产巴西。本种为暂不接受种。

山牵牛属，全属 102 种。

7. 黄花老鸦嘴 *Thunbergia mysorensis*

藤本，蔓长可达 6 m。单叶，对生，叶片长椭圆形，全缘。总状花序悬垂，长可达 90 cm，花冠内侧鲜黄色，外缘紫红色。蒴果。产印度热带地区。

一〇五、紫葳科 Bignoniaceae

乔木、灌木或木质藤本，稀草本。叶对生、互生或轮生，单叶或羽状复叶，稀掌状复叶。花两性，左右对称，组成顶生、腋生的聚伞花序、圆锥花序或总状花序，稀老茎生花。蒴果。产热带、亚热带，少数延伸到温带。全科 86 属 852 种。

悬果藤属，全属 3 种。

1. 智利悬果藤 垂果藤
Eccremocarpus scaber

多年生常绿攀缘藤本。羽状复叶，小，长卵圆形，边缘具钝齿。花两性，萼片紫色，花暗红色，管状，管口小。蒴果，悬垂，长卵圆形。产智利。

289

角蒿属，全属 17 种。

2. 红波罗花 *Incarvillea delavayi*

多年生草本，无茎，株高达 30 cm。叶基生，一回羽状分裂，侧生小叶 4~11 对。花冠钟状，红色。蒴果。产中国四川、云南。生于高山草坡。

3. 鸡肉参 *Incarvillea mairei*

多年生草本，无茎，株高 30~40 cm。叶基生，为一回羽状复叶。侧生小叶 2~3 对，卵形。花冠紫红色或粉红色。蒴果圆锥状。产中国四川、云南、西藏等地。生于高山石砾堆、山坡路旁向阳处。

圣篱木属；全属 1 种。

4. 圣篱木　非洲紫葳
Newbouldia laevis

常绿灌木或乔木，一般高 3 m，最高可达 20 m。羽状复叶，小叶长圆形，边缘有细锯齿。顶生圆锥花序，花粉红色，喉部白色。蒴果。产非洲的塞内加尔、喀麦隆及加蓬。

蛇果木属，全属 10 种。

5. 多花蛇果木
Ophiocolea floribunda

常绿乔木。羽状复叶，小叶对生，长卵形，边缘全缘，羽状脉。老茎生花，花黄色。蒴果条形。产马达加斯加。

一〇六、青荚叶科 Helwingiaceae

落叶或常绿灌木，稀小乔木。单叶，互生。花小，3~4（5）数，单性，雌雄异株，雄花4~20朵呈伞形或密伞花序。浆果状核果。产亚洲，生于阔叶林下至亚高山针叶林下。全科1属4种。

青荚叶属，全属4种。

青荚叶 *Helwingia japonica*

落叶灌木，株高1~2m。叶纸质，卵形、卵圆形，稀椭圆形。花淡绿色，3~5数，花萼小，花瓣镊合状排列。雄花4~12朵，呈伞形或密伞花序，常着生于叶上面中脉的1/3~1/2处；雌花1~3朵，着生于叶上面中脉的1/3~1/2处。浆果。本种主产中国及日本。

一〇七、桔梗科 Campanulaceae

多为草本，少灌木、乔木或藤本。叶互生，少对生或轮生。花两性，稀单性或雌雄异株，常集成聚伞花序，有时演变为假总状花序，或集成圆锥花序或缩成头状花序，有时单生。浆果、蒴果。世界广布。全科88属2 385种。

风铃草属，全属440种。

1.雏菊叶风铃草

Campanula bellidifolia

多年生草本，株高15~25cm。叶基生，椭圆形，叶柄长，叶缘有疏齿，具缘毛。花单朵顶生，花冠钟状，裂片5片，蓝色。蒴果。产高加索。

2. 聚伞风铃草

Campanula thyrsoides

多年生草本，株高 20~
40 cm，最高可达 1 m。叶基生，
长条形，茎生叶小。花茎直立，
具小花 50~200 朵，小花钟状，
花浅黄色。蒴果。产欧洲阿尔卑
斯山、巴尔干山脉。

丽桔梗属，全属 1 种。

3. 丽桔梗　轮叶风铃草

Ostrowskia magnifica

多年生草本。直立，株高
1.5 m。叶轮生，卵形，边缘具
锯齿。花大，钟形，淡蓝紫色，
带紫色花纹。蒴果。

岩莴苣属，全属 1 种。

4. 岩莴苣　羽裂半边莲

Petromarula pinnata

多年生岩生草本，直立。叶
羽状分裂，叶对生，卵圆形，绿
色，边缘具齿。花序总状，分枝，
小花蓝紫色。蒴果。产克里特岛。

喙檐花属，全属 1 种。

5. 喙檐花 *Physoplexis comosa*

多年生草本，丛生，株高 8 cm。叶椭圆形，深裂，花序圆形，头状，小花瓶状，蓝紫色，稀白色。

裂檐花属，全属 26 种。

6. 球序裂檐花　*球序牧根草*

Phyteuma scheuchzeri

多年生草本，丛生，株高 15~20 cm。叶狭长，暗绿色。花长而尖，顶生，头状，蓝色。

一〇八、雪叶木科 Argophyllaceae

灌木或小乔木，树叶往往具毛，花两性，白色或黄色，浆果。产澳大利亚、新西兰、新喀里多尼亚等地。全科 2 属 22 种。

秋叶果属，全属 7 种。

1. 榀梓叶秋叶果

Corokia cotoneaster

常绿灌木，茎干屈曲，株高 20~30 cm。叶小，卵圆形，全缘。花小，花瓣 5 片，金黄色，具微香。浆果橙色。产新西兰。

2. '红奇迹' 秋叶果
Corokia × virgata
'Red Wonder'

园艺品种。常绿灌木，株高
3~4.5 cm。小叶狭椭圆形，全缘，
绿色，边缘紫红色。花小，花瓣
5 片，金黄色。浆果，球形，红色。

一〇九、菊科 Asteraceae

草本、亚灌木或灌木，稀为乔木。叶通常互生，稀对生或轮生，
全缘或具齿或分裂。花两性或单性，极少有单性异株，5 数，少数
或多数密集成头状花序或为短穗状花序。瘦果。广布于全世界，热
带较少。全科 1 911 属 32 913 种。

蓍属，全属 151 种。

1. 伞叶蓍 *Achillea umbellata*

多年生草本，株高 15~
20 cm。叶奇数羽状复叶，小叶轮
廓卵形，总叶柄长，灰绿色。伞
房花序，小花白色。瘦果。产希腊。

藿香蓟属，全属 51 种。

2. 柄叶藿香蓟
Ageratum petiolatum

草本，株高 60 cm。叶对生，
卵圆形。头状花序，有多数小花，
在茎顶排成紧密的伞房状花序。
花管状，蓝色。产美洲。

春黄菊属，全属 178 种。

3. 白舌春黄菊
Anthemis punctata
subsp. *cupaniana*

多年生常绿草本，匍地，株高 30 cm。叶多，细裂，银白色。头状花序小，雏菊状，花白色，花心黄色，单生于短茎上。瘦果。产西西里岛。

刺菊木属，全属 20 种。

4. 石竹状刺菊木
Barnadesia caryophylla

攀缘状灌木，株高可达数米。茎上具刺，叶互生，卵圆形，全缘，绿色。花两性，花瓣多数，粉红色，具白色短柔毛。产安第斯山脉。

寒菀属，全属 79 种。

5. 狭叶寒菀 *Celmisia angustifolia*

多年生亚灌木，株高 20~30 cm。叶条形，灰绿色，边缘具齿。花序单生，头状，花瓣白色。瘦果。产新西兰。

菊科 Asteraceae

295

6. 银白寒菀 *Celmisia argentea*

多年生垫状亚灌木，肉质。叶银灰色，条形。花短，头状花序，顶生，花瓣白色。瘦果。产新西兰。

7. 虎克寒菀 *Celmisia hookeri*

多年生草本，株高 40 cm。叶基生，椭圆形，表面绿色，背面银白色。花单生，头状花序，花茎密被白柔毛，花瓣白色。瘦果。产新西兰。

8. 壮丽寒菀 *Celmisia spectabili*

多年生草本，株高 10~30 cm。叶椭圆形，具皱褶，背面银白色，上面绿色，全缘。头状花序顶生，花茎密被短绒毛，花白色。瘦果。产新西兰。

9. 毛蕊花叶寒菀

Celmisia verbascifolia

多年生草本，植株较矮。叶小，椭圆形至长椭圆形，上面浅绿色，背面银白色。头状花序顶生，花白色。瘦果。产新西兰。

矢车菊属，全属 734 种。

10. 保加利亚矢车菊
Centaurea achtarovii

　　多年生草本，茎短，株高 2~20 cm。叶基生，宽椭圆形至匙形，全缘。密被白色丝状毛。头状花序，含多数小花，蓝色。瘦果。产保加利亚。

11. 羽裂矢车菊
Centaurea dealbata

　　多年生草本，直立，株高 1 m。叶羽状分裂，裂片窄卵形，淡绿色。头状花序，淡蓝紫色，每茎上着生 1 个或多个花序。瘦果。产欧洲。

12. 单茎矢车菊
Centaurea simplicicaulis

　　多年生草本，株高 20~30 cm。叶羽状分裂，裂片椭圆形，对生，灰绿色。头状花序，单生，花浅蓝色。瘦果。产土耳其。

山芫荽属，全属 62 种。

13. 球叶山芫荽 **Cotula fallax**

　　多年生草本，株高 15 cm。叶集生于茎顶，下部早枯，呈球状；叶线形，具白色棉毛。头状花序纽扣状，黄色。瘦果。产南非。

14. 桂竹香叶矢车菊
Cyanus cheiranthifolius

多年生草本，丛生，株高30 cm。叶桂竹香叶状，灰绿色，上具短绒毛。花白色至淡黄色，花蕊紫色。瘦果。产欧洲。

15. 山矢车菊 *Cyanus montanus*

多年生草本，株高50 cm。叶互生，长椭圆形，先端尖，边缘具细齿。头状花序大，1至多个，花紫色、蓝色、白色或粉红色，花盘中心蓟状，周围为星形放射状花瓣。

白苞紫绒草属，全属3种。

16. 松叶白苞紫绒草
Edmondia pinifolia

多年生草本，几无分枝，株高20~40 cm。叶小，线形，松叶状。头状花序，苞片红色，花瓣粉红色。瘦果。产南非。

飞蓬属，全属476种。

17. 金花飞蓬

Erigeron chrysopsidis

多年生草本，株高15 cm，贴伏地面。叶线形，绿色，叶及花梗均具短绒毛。头状花序，花金黄色。瘦果。产北美洲。

18. 帚伏飞蓬

Erigeron scopulinus

多年生草本，株高一般不超过3.5 cm，贴地生长。小叶匙形，全缘，绿色，肥厚。头状花序，花白色。瘦果。产美国的亚利桑那州及新墨西哥州。

秀菊木属，全属6种。

19. 绢毛秀菊木 *Eumorphia sericea*

多年生灌木，株高可达1 m以上，铺散。小叶密生，线形，绿色，上被绣色短绒毛。头状花序，花白色或稍具淡粉色。瘦果。产南部非洲。

黄蓉菊属，全属 97 种。

20. 长圆叶黄蓉菊

Euryops acraeus

常绿灌木，株高 30 cm。叶近顶端簇生，线形，灰绿色，顶端浅裂。头状花序，花亮黄色。产非洲南部。瘦果。

蓝菊属，全属 84 种。

21. 蓝菊 *Felicia amelloides*

多年生草本或亚灌木，株高 30~60 cm，具分枝。叶对生，长卵形，先端尖，基部楔形，近无柄，叶缘具白色糙毛。头状花序，舌状花蓝色，管状花金黄色。瘦果。产南非。

单冠菊属，全属 71 种。

22. 单冠菊 *Haplopappus rehderi*

多年生草本，匍匐状，株高 10~15 cm。叶近基生，椭圆形，全缘。头状花序，花大，花序密被短柔毛。花淡粉色。瘦果。产北美洲。

堆心菊属，全属 39 种。

23. 侯氏堆心菊 *Helenium hoopesii*

多年生直立草本，株高近 1 m。基生叶长椭圆形，先端尖，基部渐狭，茎生叶同型，略小。头状花序，花黄色。瘦果。产美国。

蜡菊属，全属 600 种。

24. 非洲蜡菊 *Helichrysum ecklonis*

多年生草本，株高 20 cm。叶基生，莲座状，椭圆形，全缘，上被白色柔毛。头状花序，花瓣覆瓦状排列，白色至深粉色。瘦果。产非洲。

25. 克里特蜡菊

Helichrysum orientale

多年生草本，株高 20~30 cm。叶黄绿色，单叶互生，匙形，全缘。头状花序集成伞形花序，花黄色。瘦果。产希腊克里特岛。

26. '粉宝石'蜡菊

Helichrysum 'Pink Sapphire'

园艺品种。多年生草本，叶长椭圆形，被短绒毛。多个头状花序集成伞形花序，花粉色。瘦果。

27. 莱索托蜡菊

Helichrysum retortoides

多年生亚灌木，茎匍匐，株高 20 cm。小叶密生，互生于茎上，底部常干枯。头状花序，花苞红色，花白色或略带玫瑰粉色。瘦果。产南非。

28. 雷托尔蜡菊

Helichrysum sessilioides

亚灌木，铺地生长，株高 5~10 cm。叶互生，卵形，全缘，背面银白色。头状花序，星状，花瓣白色。瘦果。产莱索托及加蓬。

29. 索普蜡菊

Helichrysum sibthorpii

多年生草本，株高 5~
10 cm。叶匙形，全缘，被白色绒毛。
头状花序，花白色。瘦果。产希腊。

旋覆花属，全属 110 种。

30. 剑叶旋覆花 *Inula ensifolia*

多年生草本，植株丛生，叶
小，披针形至椭圆形。头状花序，
雏菊状，单生，花金黄色。瘦果。
产欧洲及亚洲温带。

火绒草属，全属 61 种。

31. 高山火绒草 *Leontopodium alpinum*

多年生草本，植株丛生，株
高 15~20 cm。叶披针形，具毛。
花序头状，小，银白色，簇生，
被花瓣状且肥厚的苞叶环绕，星
状。瘦果。

菊科 Asteraceae

303

32. 雪层火绒草

Leontopodium nivale

多年生草本，丛生，株高15～30 cm。叶互生，全缘，披针形，被白色绒毛。头状花序，围绕花序的苞叶银白色。瘦果。产欧洲的阿尔卑斯山。

新火绒草属，全属4种。

33. 北岛新火绒草

Leucogenes leontopodium

常绿垫状灌木。叶密生于枝上，椭圆形，全缘，上被绒毛；苞叶银白色，密被绒毛。头状花序，小花黄色。蒴果。产新西兰。

单头鼠麴木属，全属12种。

34. 苏洛单头鼠麴木

Macowania sororis

矮灌木，多分枝。新叶密生于枝顶，下部较疏，多少肉质。头状花序，花金黄色。瘦果。产南非及莱索托。

35. 赛龙榄叶菊

Olearia × *scilloniensis*

杂交种。常绿灌木，植株直立，株高可达 2 m。叶椭圆形，灰绿色，边缘波状，暗灰绿色。头状花序，花黄色。

骨子菊属，全属 47 种。

36. 紫轮菊

Osteospermum jucundum

多年生常绿草本，丛生，株高 30 cm。叶绿色，匙形，有疏刺。头状花序，淡粉红色，单生，有的具暗色斑点。瘦果。

36a. '阳光阿曼达'骨子菊

Osteospermum 'Sunny Amanda'

假匹菊属，全属 15 种。

37. '非洲之眼'假匹菊
Rhodanthemum
'African eyes'

园艺品种。多年生常绿草本，植株低矮。叶羽裂，裂片线形，灰绿色。花单生，花瓣白色，花蕊褐色。瘦果。

38. 白舌假匹菊
Rhodanthemum hosmariense

多年生常绿草本，灌木状，株高 15 cm 以上。叶羽状分裂，灰白色。头状花序，白色，单生，株高于叶丛。瘦果。产摩洛哥。

二色鼠麴木属，全属 4 种。

39. 矮二色鼠麴木
Rosenia humilis

亚灌木，株高 20~30 cm。叶线形，全缘，绿色。头状花序，黄色。瘦果。产南部非洲。

40. 红花除虫菊

Tanacetum coccineum

多年生草本，株高 25～50 cm。基生叶花期生存，二回羽状分裂。茎中部叶小，与基生叶同形，头状花序下部的叶更小，常羽状全裂。头状花序，舌状花红色。瘦果。原产高加索。

41. 科罗拉多眠雏菊

Xanthisma coloradoense

多年生草本，株高 15 cm。叶椭圆形或匙形，边缘具尖刺，灰绿色。头状花序，粉色或紫色。瘦果。产美国。

南鼠刺科 Escalloniaceae

一一〇、南鼠刺科 Escalloniaceae

乔木或灌木，单叶对生或互生，稀轮生。花多数，排成顶生总状花序，两性，稀雌雄异株或杂性。花瓣 4 数。主产南半球。全科 7 属 55 种。

307

1. 大花南鼠刺

Escallonia rubra
var. _macrantha_

常绿灌木，直立，株高可达 3 m。叶卵形，互生，绿色，具锯齿。花管状，深红色。产智利。

1a. '绯红'南鼠刺
Escallonia rubra
'Crimson Spire'

1b. '威廉·沃森'南鼠刺
Escallonia rubra
'Witliam Watson'

一一一、弯药树科 Columelliaceae

　　灌木。叶对生或互生,单叶,有的叶缘具尖刺。花两性,花冠合瓣,5裂。产美洲的哥伦比亚、厄瓜多尔、秘鲁、玻利维亚、哥斯达黎加等地。全科2属8种。

枸骨黄属,全属3种。

枸骨黄 *Desfontainia spinosa*

　　常绿灌木,株高3 m。叶似冬青叶,有光泽,深绿色,具刺齿。花长管状,下垂,红色,花瓣先端黄色,萼片绿色。产南美洲。

一一二、绒球花科 Bruniaceae

　　常绿灌木,少乔木。叶小,多螺旋排列,通常覆瓦状,叶全缘,平行脉。穗状花序、聚伞花序或头状花序,偶有单生,花瓣4~5片。瘦果、坚果。产南非。全科11属92种。

饰球花属,全属16种。

中型饰球花
Berzelia intermedia

　　常绿灌木,株高1.5 m。叶石南状,密生于枝上,线形,绿色。头状花序,白色。坚果。产南非。

——三、五福花科 Adoxaceae

多年生草本、灌木或小乔木，叶对生，单叶或复叶。花序顶生，圆锥花序或伞形、穗状或聚伞花序；花两性，花瓣（3~）5片。核果。主要产北半球。全科5属194种。

荚蒾属，全属166种。

1. '不育'绣球荚蒾

Viburnum macrocephalum
'Sterile'

园艺品种。落叶或半常绿灌木，株高4 m。叶纸质，卵形至椭圆形，边缘具小齿。聚伞花序全部由不孕花组成，呈球状，白色。核果。

2. '粉妆'蝴蝶戏珠花

Viburnum plicatum
f. ***tomentosum*** 'Pink Beauty'

园艺品种。落叶灌木。叶较狭，宽卵形或矩圆状卵形。花序大，中间为可孕花，周边为大型不孕花，淡粉色。核果。原种蝴蝶戏珠花产中国及日本。

一一四、忍冬科 Caprifoliaceae

灌木或木质藤本,有时为小乔木或灌木,少草本。叶对生,少轮生。花两性,聚伞花序、轮伞花序,有时退化仅具2朵花,极少单花。浆果、核果或蒴果。全科53属857种。

六道木属,全属1种。

1. 多花六道木　墨西哥六道木
Abelia floribunda

半常绿灌木,株高可达1.5 m。小叶卵圆形,先端钝尖,基部渐狭,具浅齿。聚伞花序,小花粉红色,长筒形,花瓣5片。瘦果。产墨西哥。

距药草属,全属11种。

2. 红穿心排草　红鹿子草
Centranthus ruber

多年生草本,茎直立,株高60~100 cm。叶对生,下部叶较大,上部叶渐尖;叶长卵形,上部渐狭,基部钝圆形,叶无柄。圆锥花序顶生,花小密集,红色、白色或粉红色。产地中海地区。

北极花属,全属1种。

3. 北极花　林奈木 孪生花
Linnaea borealis

常绿匍匐小灌木,株高5~10 cm;茎细长,红褐色。叶圆形至倒卵形,边缘中部以上具1~3对浅圆齿。花芳香,花冠淡红色或白色。果实近圆形,黄色,下垂。花、果期7~8月。产北温带。

忍冬属，全属 103 种。

4. 红苞忍冬 *Lonicera involucrata*

灌木，株高 0.5~5 m。叶对生，椭圆形，先端尖，基部楔形，叶上具短绒毛。花着生于叶腋，双花，苞片红色，花外面红色，内面黄色。浆果黑色。产北美洲。

蓝盆花属，全属 62 种。

5. 粉叶蓝盆花

Scabiosa farinosa

多年生草本，株高 30~60 cm。叶对生，叶片羽状半裂，轮廓椭圆形，上具白色短绒毛，灰绿色。头状花序扁球形。瘦果。产北非。

锦带花属，全属 7 种。

6. 米登氏锦带花　　远东锦带花

Weigela middendorffiana

落叶灌木，丛生，株高 1.5 m。叶椭圆形，亮绿色，具浅齿。花漏斗状，硫黄色，下唇具橙红色斑点。蒴果。产日本。

6a. '爱娃·拉斯克'锦带花

Weigela 'Eva Rathke'

园艺品种。落叶灌木，株高 1.5 m。叶椭圆形，先端尖，基部楔形，有锯齿，暗绿色。花深红色。蒴果。

一一五、海桐花科 Pittosporaceae

常绿乔木或灌木。叶互生或偶为对生，多数革质，全缘，稀有齿或分裂。花通常两性，有时杂性，辐射对称，花的各轮均为5数，单生或为伞形花序、伞房花序或圆锥花序；花瓣分离或连合。蒴果。分布于旧大陆热带和亚热带。全科9属170种。

吊藤莓属，全属24种。

1. 开口吊藤莓 *Billardiera ringens*

常绿木质藤本，以茎缠绕攀缘。叶椭圆形，先端尖，基部楔形；叶柄短，绿色，具短绒毛。花瓣5片，管状，橙黄色。蒴果。产澳大利亚。

海桐花属，全属110种。

2. 薄叶海桐 *Pittosporum tenuifolium*

常绿灌木或小乔木，株高6~10 m。叶卵形，具光泽，绿色，边缘波纹状，全缘。花瓣5片，紫红色，具芳香。蒴果。产新西兰。

一一六、伞形科 Apiaceae

一年生至多年生草本，少灌木。叶互生，叶片通常分裂或多裂，一回掌状分裂或一至四回羽状分裂的复叶，或一至二回三出式羽状分裂的复叶，很少为单叶。花小，两性或杂性，复伞形花序或单伞形花序，很少为头状花序。果实多为干果，通常裂成两个分生果。全科 418 属 3 257 种。

星芹属，全属 11 种。

1a. '吉尔·理查森' 大星芹
Astrantia major
'Gill Richardson'

园艺品种。多年生草本，株高可达 90 cm。叶基生，叶片轮廓为圆形，掌裂。伞形花序，着花数十朵，苞片大，呈放射状。原种产欧洲东部及中部。

1b. '白花' 大星芹
Astrantia major 'Large White'

瓣苞芹属，全属 1 种。

2. 瓣苞芹 Hacquetia epipactis

多年生丛生草本，株高度不超过 10 cm。叶片深裂，边缘具齿，绿色。伞房花序，小花黄色，苞片长圆形，浅绿色。干果。产欧洲潮湿阴暗的森林中。

马芹属，全属 5 种。

3. 穿叶芹 Smyrnium perfoliatum

多年生草本，株高可达 1 m以上。单叶互生，叶卵圆形，上部叶淡黄色，苞片状，抱茎。伞形花序，小花淡黄色。干果。产欧洲及土耳其、叙利亚等地。

313

参考资料

[1] TPL http://www.theplantlist.org

[2] 必应 http://cn.bing.com

[3] 中国植物图像库 http://www.plantphoto.cn

[4] 中国在线植物志 http://www.eflora.cn

[5] 刘冰，叶建飞，刘夙，等. 中国被子植物科属概览：依据 APG III 系统 [J]. 生物多样性，2015，23(2): 225-231.

[6] 中国科学院中国植物志编辑委员会. 中国植物志 [M]. 北京：科学出版社，1959-2004.

中文名索引

中文名索引

拉丁名索引

拉丁名索引

327

拉丁名索引

拉丁名索引

附录 不同分类体系科属对照

属名	属拉丁名	APGIII 分类系统		克朗奎斯特 Cronquist	
重楼属	*Paris*	藜芦科	Melanthiaceae	百合科	Liliaceae
延龄草属	*Trillium*	藜芦科	Melanthiaceae	百合科	Liliaceae
竹叶吊钟属	*Bomarea*	六出花科	Alstroemeriaceae	百合科	Liliaceae
万寿竹属	*Disporum*	秋水仙科	Colchicaceae	百合科	Liliaceae
嘉兰属	*Gloriosa*	秋水仙科	Colchicaceae	百合科	Liliaceae
垂铃儿属	*Uvularia*	秋水仙科	Colchicaceae	百合科	Liliaceae
小金梅草属	*Hypoxis*	仙茅科	Hypoxidaceae	百合科	Liliaceae
红金梅草属	*Rhodohypoxis*	仙茅科	Hypoxidaceae	百合科	Liliaceae
矛花属	*Doryanthes*	矛花科	Doryanthaceae	龙舌兰科	Agavaceae
鸢尾蒜属	*Ixiolirion*	鸢尾蒜科	Ixioliriaceae	百合科	Liliaceae
芦荟属	*Aloe*	黄脂木科	Xanthorrhoeaceae	芦荟科	Aloaceae
日光兰属	*Asphodeline*	黄脂木科	Xanthorrhoeaceae	百合科	Liliaceae
阿福花属	*Asphodelus*	黄脂木科	Xanthorrhoeaceae	百合科	Liliaceae
粗尾草属	*Bulbinella*	黄脂木科	Xanthorrhoeaceae	百合科	Liliaceae
独尾草属	*Eremurus*	黄脂木科	Xanthorrhoeaceae	百合科	Liliaceae
百子莲属	*Agapanthus*	石蒜科	Amaryllidaceae	百合科	Liliaceae
葱属	*Allium*	石蒜科	Amaryllidaceae	百合科	Liliaceae
曲管花属	*Cyrtanthus*	石蒜科	Amaryllidaceae	百合科	Liliaceae
虎耳兰属	*Haemanthus*	石蒜科	Amaryllidaceae	百合科	Liliaceae
绿鬼蕉属	*Ismene*	石蒜科	Amaryllidaceae	百合科	Liliaceae
白棒莲属	*Leucocoryne*	石蒜科	Amaryllidaceae	百合科	Liliaceae
紫娇花属	*Tulbaghia*	石蒜科	Amaryllidaceae	百合科	Liliaceae
龙荟兰属	*Beschorneria*	天门冬科	Asparagaceae	龙舌兰科	Agavaceae
糠米百合属	*Camassia*	天门冬科	Asparagaceae	百合科	Liliaceae
铃兰属	*Convallaria*	天门冬科	Asparagaceae	百合科	Liliaceae
蓝铃花属	*Hyacinthoides*	天门冬科	Asparagaceae	百合科	Liliaceae
纳金花属	*Lachenalia*	天门冬科	Asparagaceae	百合科	Liliaceae
油点花属	*Ledebouria*	天门冬科	Asparagaceae	百合科	Liliaceae
舞鹤草属	*Maianthemum*	天门冬科	Asparagaceae	百合科	Liliaceae
玉竹属	*Polygonatum*	天门冬科	Asparagaceae	百合科	Liliaceae
蓝钟花属	*Scilla*	天门冬科	Asparagaceae	百合科	Liliaceae
仙蔓属	*Semele*	天门冬科	Asparagaceae	百合科	Liliaceae
马裤花属	*Dicentra*	罂粟科	Papaveraceae	紫堇科	Fumariaceae
假烟堇属	*Pseudofumaria*	罂粟科	Papaveraceae	紫堇科	Fumariaceae
岩堇属	*Rupicapnos*	罂粟科	Papaveraceae	紫堇科	Fumariaceae
同瓣豆属	*Amicia*	豆科	Fabaceae	蝶形花科	Papilionaceae
岩豆属	*Anthyllis*	豆科	Fabaceae	蝶形花科	Papilionaceae
绒雀豆属	*Argyrocytisus*	豆科	Fabaceae	蝶形花科	Papilionaceae
宝冠木属	*Brownea*	豆科	Fabaceae	苏木科	Caesalpiniaceae
鱼鳔槐属	*Colutea*	豆科	Fabaceae	蝶形花科	Papilionaceae

属名	属拉丁名	APGIII 分类系统		克朗奎斯特 Cronquist	
小冠花属	*Coronilla*	豆科	Fabaceae	蝶形花科	Papilionaceae
猬豆属	*Erinacea*	豆科	Fabaceae	蝶形花科	Papilionaceae
山羊豆属	*Galega*	豆科	Fabaceae	蝶形花科	Papilionaceae
染料木属	*Genista*	豆科	Fabaceae	蝶形花科	Papilionaceae
马蹄豆属	*Hippocrepis*	豆科	Fabaceae	蝶形花科	Papilionaceae
毒豆属	*Laburnum*	豆科	Fabaceae	蝶形花科	Papilionaceae
山黧豆属	*Lathyrus*	豆科	Fabaceae	蝶形花科	Papilionaceae
百脉根属	*Lotus*	豆科	Fabaceae	蝶形花科	Papilionaceae
翡翠葛属	*Strongylodon*	豆科	Fabaceae	蝶形花科	Papilionaceae
野决明属	*Thermopsis*	豆科	Fabaceae	蝶形花科	Papilionaceae
荆豆属	*Ulex*	豆科	Fabaceae	蝶形花科	Papilionaceae
紫藤属	*Wisteria*	豆科	Fabaceae	蝶形花科	Papilionaceae
金柞属	*Azara*	杨柳科	Salicaceae	刺篱木科	Flacourtiaceae
金丝桃属	*Hypericum*	金丝桃科	Hypericaceae	藤黄科	Clusiaceae
槭属	*Acer*	无患子科	Sapindaceae	槭树科	Aceraceae
七叶树属	*Aesculus*	无患子科	Sapindaceae	七叶树科	Hippocastanaceae
绵绒树属	*Fremontodendron*	锦葵科	Malvaceae	梧桐科	Sterculiaceae
露薇花属	*Lewisia*	水卷耳科	Montiaceae	马齿苋科	Portulacaceae
珙桐属	*Davidia*	山茱萸科	Cornaceae	蓝果树科	Nyssaceae
彩穗木属	*Richea*	杜鹃花科	Ericaceae	澳石南科	Epacridaceae
轮果石楠属	*Trochocarpa*	杜鹃花科	Ericaceae	澳石南科	Epacridaceae
荷包花属	*Calceolaria*	荷包花科	Calceolariaceae	玄参科	Scrophulariaceae
茶杯花属	*Jovellana*	荷包花科	Calceolariaceae	玄参科	Scrophulariaceae
蔓金鱼草属	*Asarina*	车前科	Plantaginaceae	玄参科	Scrophulariaceae
蔓柳穿鱼属	*Cymbalaria*	车前科	Plantaginaceae	玄参科	Scrophulariaceae
狐地黄属	*Erinus*	车前科	Plantaginaceae	玄参科	Scrophulariaceae
地团花属	*Globularia*	车前科	Plantaginaceae	地团花科	Globulariaceae
长阶花属	*Hebe*	车前科	Plantaginaceae	玄参科	Scrophulariaceae
木地黄属	*Isoplexis*	车前科	Plantaginaceae	玄参科	Scrophulariaceae
钓钟柳属	*Penstemon*	车前科	Plantaginaceae	玄参科	Scrophulariaceae
缠柄花属	*Rhodochiton*	车前科	Plantaginaceae	玄参科	Scrophulariaceae
婆婆纳属	*Veronica*	车前科	Plantaginaceae	玄参科	Scrophulariaceae
醉鱼草属	*Buddleja*	玄参科	Scrophulariaceae	醉鱼草科	Buddlejaceae
喜沙木属	*Eremophila*	玄参科	Scrophulariaceae	苦槛蓝科	Myoporaceae
木薄荷属	*Prostanthera*	唇形科	Lamiaceae	马鞭草科	Verbenaceae
狗面花属	*Mimulus*	透骨草科	Phrymaceae	玄参科	Scrophulariaceae
泡桐属	*Paulownia*	泡桐科	Paulowniaceae	紫葳科	Bignoniaceae
火焰草属	*Castilleja*	列当科	Orobanchaceae	玄参科	Scrophulariaceae
鼻花属	*Rhinanthus*	列当科	Orobanchaceae	玄参科	Scrophulariaceae
青荚叶属	*Helwingia*	青荚叶科	Helwingiaceae	山茱萸科	Cornaceae
秋叶果属	*Corokia*	雪叶木科	Argophyllaceae	山茱萸科	Cornaceae
枸骨黄属	*Desfontainia*	弯药树科	Columelliaceae	马钱科	Loganiaceae
荚蒾属	*Viburnum*	五福花科	Adoxaceae	忍冬科	Caprifoliaceae
距药草属	*Centranthus*	忍冬科	Caprifoliaceae	败酱科	Valerianaceae
蓝盆花属	*Scabiosa*	忍冬科	Caprifoliaceae	川续断科	Dipsacaceae